Betriebswirtschaftliche Formelsammlung

Prof. Dr. Jan vom Brocke

W0192533

2. Auflage

Vorwort zur 2. Auflage

Liebe Leserin, lieber Leser,

dank der enormen Nachfrage haben wir schon jetzt eine neue Auflage organisiert.

Ich möchte die Gelegenheit nutzen, unseren zahlreichen Lesern ganz herzlich zu danken: Es ist eine wahre Freude zu sehen, wie diese kleine Idee lebt und wie viele Menschen mit der Formelsammlung mittlerweile arbeiten.

In der zweiten Auflage folgen wir dem bewährten Format des Vorgängerbuchs. Zugleich haben wir einige Vorschläge umgesetzt, die unsere Leserinnen und Leser selbst eingebracht haben. So finden Sie in dieser Auflage nicht nur neue Begriffe, sondern auch weitere Beispiele, die Ihnen die Lektüre hoffentlich noch angenehmer werden lassen.

Ganz herzlich bedanke ich mich einmal mehr bei meinem Lehrstuhlteam, das mich auch bei dieser Auflage tatkräftig unterstützt hat. Mein besonderer Dank gilt Frau Theresa Sinnl, die den Überarbeitungsprozess zur zweiten Auflage mit sehr viel Sorgfalt und Fleiß begleitet hat.

Nun – liebe Leserin, lieber Leser – wünsche ich Ihnen auch mit der zweiten Auflage viel Freude und Erfolg! Ich freue mich schon darauf, bald wieder von Ihnen zu hören!

Vaduz, im November 2009   Jan vom Brocke

Inhalt

Vorwort zur 1. Auflage

Liebe Leserin, lieber Leser,

dieses Buch soll Ihnen wesentliche Konzepte der Betriebswirtschaftslehre in anschaulicher Form vermitteln. Zwar gibt es bereits eine Fülle von Einführungen in die Betriebswirtschaft, doch sind diese oft zu weitläufig und „unhandlich", um sich rasch einen Überblick über einzelne Problemstellungen und Formeln zu ihrer Lösung zu verschaffen.

Unter einer betriebswirtschaftlichen „Formel" ist nicht nur ein mathematischer Ausdruck zu verstehen. Vielmehr ist zu berücksichtigen, dass heute geradezu der überwiegende Teil an Faktenwissen durch Konzepte oder auch Begriffe repräsentiert wird. Ihnen kommt durchaus die Bedeutung (konventioneller) Formeln zu, da sie zum Lösen betriebswirtschaftlicher Probleme benötigt werden.

Dieses Buch basiert auf einer Formelsammlung zur Betriebswirtschaftslehre, die im Jahr 2000 beim Vahlen Verlag erschienen ist. Die in den mittlerweile acht Jahren gewonnenen Erfahrungen aus Gesprächen mit Praktikern, Studenten und Dozenten sind in das hier vorliegende Buch eingeflossen. Eine wesentliche Neuerung besteht darin, dass die Sammlung an spezifische Leserbedürfnisse angepasst worden ist. Ihnen liegt nun eine Zusammenstellung vor, die Sie nutzen können, um sich mit einer gewissen „Leichtigkeit" einen Überblick über die wichtigsten Teilbereiche der Betriebswirtschaft zu verschaffen. Formeln werden nicht nur aufgelistet, sondern auch hinsichtlich ihrer Bedeutung erklärt und – wo sinnvoll – durch Anwendungsbeispiele veranschaulicht.

Danksagung

Ein derartiges Projekt braucht natürlich ein Team, dem ich an dieser Stelle meinen herzlichen Dank aussprechen möchte. Zunächst sei Bernd Robker erwähnt, mein Koautor der ersten Formelsammlung. Viele unserer damaligen Überlegungen sind auch hier inspirierend gewesen.

Bei dieser Formelsammlung haben mich mehrere meiner wissenschaftlichen Mitarbeiter unterstützt. Zuallererst sei Alexander Simons ganz herzlich gedankt, der viele Nachtschichten eingelegt hat, um die Sache zu einem Erfolg zu machen. Meinem Mitarbeiter Christian Sonnenberg möchte ich für die vielen Diskussionen und die gewissenhafte Qualitätssicherung danken. Nicht zuletzt danke ich Kevork Altanian und Daniel Raczak für die gute Zusammenarbeit.

Nun – liebe Leserin, lieber Leser – hoffe ich sehr, dass es uns gelungen ist, Ihnen einen handlichen und zugleich informativen Einstieg in die Betriebswirtschaftslehre zu liefern. Ich bin sehr gespannt auf Ihr Feedback und würde mich freuen, bald einmal von Ihnen zu hören.

Vaduz, im Januar 2008   Jan vom Brocke

Einführung

Gegenstand der Betriebswirtschaftslehre sind Fragen des wertstiftenden Einsatzes knapper Ressourcen in Organisationen. „Knapp" sind Finanzmittel, aber auch natürliche Ressourcen wie Rohstoffe oder die menschliche Arbeitszeit.

Die Frage nach dem „Wert" kann aus unterschiedlichen Perspektiven betrachtet werden, nämlich der Kapitalgeber, der Mitarbeiter, der Lieferanten, der Kunden oder der Gesellschaft.

Meist stehen Unternehmen im Fokus der Betriebswirtschaftslehre. Doch auch in der öffentlichen Verwaltung, dem Bildungs- und Gesundheitswesen sowie in weiten Teilen des privaten Lebens geht es um Fragen der Mittelallokation, sodass hier der allgemeine Begriff der „Organisation" verwendet wird.

Die vielen Teilbereiche der Betriebswirtschaftslehre werden in diesem Buch anhand eines Ordnungsrahmens strukturiert. Behandelt werden elementare Aufgabenbereiche, die sowohl die Praxis als auch die Theorie der Betriebswirtschaft kennzeichnen.

Zunächst werden ausgewählte Methoden der Finanzmathematik behandelt (Kapitel 1). Anschließend werden mit den Bereichen „Beschaffung", „Produktion" und „Absatz" Aufgaben des Güterstroms in Organisationen betrachtet (Kapitel 2). Die Finanzbuchführung und die Kosten- und Leistungsrechnung bilden die zentralen Aufgabenbereiche des betrieblichen Geldstroms (Kapitel 3). Zur Unternehmensführung dienen schließlich die Bereiche Investition

und Finanzierung sowie das strategische Management
(Kapitel 4).

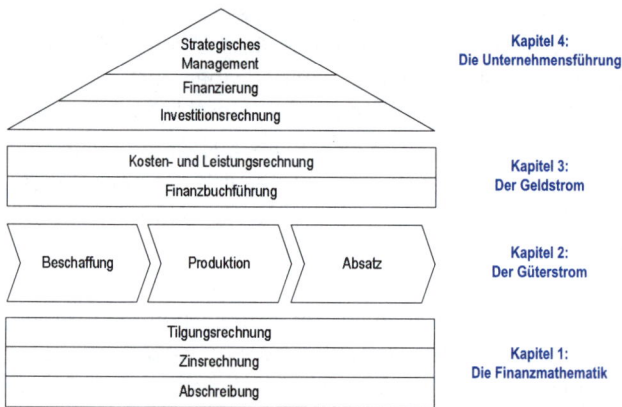

Teilbereiche der Betriebswirtschaft und Aufbau des Buchs

Die Themen dieser Formelsammlung stellen eine Auswahl
der am häufigsten benötigten Inhalte der Betriebswirtschaftslehre dar. Ein breiteres Spektrum wird in einer er-
weiterten Version behandelt, die ebenfalls im Vahlen Verlag erscheint. Dort finden sich auch weitere Ausführungen
zu den hier zusammengestellten Themen.

Nun aber erst einmal viel Vergnügen bei der Lektüre dieser
für Sie hoffentlich nützlichen Formelsammlung!

Die Finanzmathematik

Für die Bewertung der Geschäftstätigkeit einer Organisation sind einige finanzmathematische Grundlagen von Bedeutung, die sich in mehreren Themengebieten wiederfinden (z. B. in der Finanzierung und in der Investition). In diesem Kapitel werden Formeln zur Abschreibung, zur Zinsrechnung und zur Tilgungsrechnung behandelt.

Abschreibung

Eine planmäßige Abschreibung ist das monetäre Äquivalent für den betrieblich bedingten Einsatz eines mehrjährig nutzbaren Wirtschaftsguts.

Die (zeitlich) totale Werterücklage kann als Ausgangsbetrag für die Bestimmung der Abschreibungsbeträge eines Wirtschaftsguts verwendet werden.

Wiederbeschaffungswert am Bewertungsstichtag

– aktueller Liquidationserlös

+ aktuelle Verschrottungskosten

= zeitlich totale Werterücklage

Im Folgenden werden die lineare und die geometrisch-degressive Abschreibung dargestellt.

Lineare Abschreibung

Die lineare Abschreibung verteilt den Wertverlust eines Wirtschaftsguts gleichmäßig auf die Perioden der Nutzung. Der konstante Abschreibungsbetrag A entspricht dem

Quotienten von zeitlich totaler Werterücklage W und Nutzungsdauer n.

$$A = \frac{W}{n}$$

Lineare Abschreibung

Ein Unternehmen schreibt ein Investitionsobjekt mit einem Wiederbeschaffungswert von 100.000 €, einem Liquidationserlös von 30.000 € und Verschrottungskosten von 10.000 € linear ab, sodass die zeitlich totale Werterücklage W 80.000 € beträgt. Die Anschaffungsauszahlung a_0 entspricht dem Wiederbeschaffungswert. Bei einer Nutzungsdauer n von vier Jahren ergibt sich der folgende Abschreibungsplan:

t		Symbol	Betrag
0	Anschaffungsauszahlung	a_0	100.000
1	– Abschreibung	A_1	20.000
1	= Restbuchwert	RBW_1	80.000
2	– Abschreibung	A_2	20.000
2	= Restbuchwert	RBW_2	60.000
3	– Abschreibung	A_3	20.000
3	= Restbuchwert	RBW_3	40.000
4	– Abschreibung	A_4	20.000
4	= Restbuchwert	RBW_4	20.000

Geometrisch-degressive Abschreibung

Bei der geometrisch-degressiven Abschreibung sinken die Abschreibungsbeträge A_t mit zunehmender Nutzungsdauer. Sie ergeben sich durch Multiplikation des periodenbe-zogenen Restbuchwerts zu Beginn des jeweiligen Jahres RBW_t mit dem Abschreibungsprozentsatz p.

$$A_t = RBW_t \cdot p$$

Der Abschreibungsprozentsatz p ist in Abhängigkeit von der Anschaffungsauszahlung a_0 und einem Restbuchwert am Ende der Nutzungsdauer RBW_n wie folgt definiert:

$$p = 1 - \sqrt[n]{\frac{RBW_n}{a_0}}$$

Geometrisch-degressive Abschreibung

Für das bei der linearen Abschreibung gegebene Zahlenbei-spiel beträgt der Abschreibungsprozentsatz p 33,126 %.

$$p = 1 - \sqrt[4]{\frac{20.000}{100.000}} = 0{,}33126$$

Daraus resultiert der folgende Abschreibungsverlauf:

t		Symbol	Betrag
0	Anschaffungsauszahlung	a_0	100.000
1	– Abschreibung	A_1	33.125,97
1	= Restbuchwert	RBW_1	66.874,03
2	– Abschreibung	A_2	22.152,67
2	= Restbuchwert	RBW_2	44.721,36
3	– Abschreibung	A_3	14.814,38
3	= Restbuchwert	RBW_3	29.906,98
4	– Abschreibung	A_4	9.906,98
4	= Restbuchwert	RBW_4	20.000

Zinsrechnung

Zinsen sind der Ertrag (der Aufwand) für die Überlassung (die Aufnahme) von Kapital. Unterschieden werden die jährliche und die unterjährige Verzinsung, jeweils mit einfachen Zinsen, Zinseszinsen und gemischten Zinsen.

Jährliche Verzinsung

Bei der jährlichen Verzinsung werden Zinsen für eine Kapitalbindungsdauer von einem Jahr berechnet. Zinsberechnung, -vergütung und -belastung erfolgen jeweils am Ende des Jahres.

Jährliche Verzinsung mit einfachen Zinsen

Zinszahlungen bei jährlicher Verzinsung mit einfachen Zinsen führen nicht zu einer Erhöhung der Kapitalbasis. Die Berechnungsgrundlage der Zinsen bleibt über mehrere Jahre konstant.

Die Zinszahlungen am Ende des Jahres t ergeben sich aus dem zu Beginn der Kapitalanlage vorhandenen Kapital K_0 und dem Zinssatz i.

$$Z_t = K_0 \cdot i$$

Für das am Ende der Periode n vorhandene Kapital K_n (bei einer Kapitalanlage in $t = 0$) gilt:

$$K_n = K_0 \cdot (1 + n \cdot i)$$

Jährliche Verzinsung mit einfachen Zinsen

Bei einem Zinssatz i von 7,5 %, einer Laufzeit n von fünf Jahren und einer Kapitalanlage K_0 in Höhe von 50.000 € entspricht der Wert des Kapitals K_5 bei jährlicher Verzinsung mit einfachen Zinsen einem Betrag von 68.750 €.

$$K_5 = 50.000 \,€ \cdot (1 + 5 \cdot 0,075) = 68.750 \,€$$

Jährliche Verzinsung mit Zinseszinsen

Bei der jährlichen Verzinsung mit Zinseszinsen werden Zinszahlungen der Kapitalbasis zugeführt und in den anschließenden Perioden mitverzinst. Für die Zinsen Z_t im Zeitpunkt t gilt:

$$Z_t = K_{t-1} \cdot i$$

Das am Ende des Jahres t vorhandene Kapital K_t berechnet sich auf Basis des Zinsfaktors q:

$$K_t = K_0 \cdot q^t \text{, mit } q = 1 + i$$

Jährliche Verzinsung mit Zinseszinsen

Für das bei der jährlichen Verzinsung mit einfachen Zinsen verwendete Zahlenbeispiel ergibt sich bei jährlicher Verzinsung mit Zinseszinsen ein am Ende der Laufzeit vorhandenes Kapital K_5 in Höhe von 71.781,47 €.

$$K_5 = 50.000 \,€ \cdot 1,075^5 = 71.781,47 \,€$$

Jährliche Verzinsung mit gemischten Zinsen

Die jährliche Verzinsung mit gemischten Zinsen wird angewendet, wenn das Ende der Kapitalbindung nicht dem
Ende einer Periode entspricht.

Zunächst wird das zum letzten ganzzahligen Verrech-
nungszeitpunkt vorhandene Kapital K_G auf Grundlage der
Verzinsung mit Zinseszins bestimmt. Dann wird der Anteil s
der Restlaufzeit RL an der Zinsperiode ZP berechnet.

$$s = \frac{RL}{ZP}$$

Die Zinsen der Restlaufzeit Z_{RL} entsprechen dem Produkt
aus K_G, s und Jahreszinssatz i.

$$Z_{RL} = K_G \cdot s \cdot i$$

Auf der Grundlage von K_G und Z_{RL} wird schließlich das
Kapital am Ende der Laufzeit K_L bestimmt.

$$K_L = K_G + Z_{RL} = K_G \cdot (1 + s \cdot i)$$

Jährliche Verzinsung mit gemischten Zinsen

*Bei jährlicher Verzinsung mit gemischten Zinsen ergibt sich
für eine Laufzeit n von vier Jahren und sechs Monaten sowie bei einem Zinssatz i von 8 % und einer Kapitalanlage K_G
in Höhe von 70.000 € ein Kapital am Ende der Laufzeit K_L
in Höhe von 99.043,60 €.*

$$K_4 = 70.000\ € \cdot 1{,}08^4 = 95.234{,}23\ €$$

$$s = \frac{6}{12} = 0{,}5$$

$$K_L = 95.234{,}23\ € \cdot (1 + 0{,}5 \cdot 0{,}08) = 99.043{,}60\ €$$

Unterjährige Verzinsung

Im Gegensatz zur jährlichen Verzinsung werden die Zinsen bei der unterjährigen Verzinsung mehrmals pro Jahr berechnet und gutgeschrieben bzw. belastet. Die Berechnung erfolgt in periodisch konstanten Abständen. Der Periodenzinsfuß i_p wird als Quotient des nominellen Zinsfußes i_{nom} und der Anzahl der Zinsperioden je Jahr m berechnet.

$$i_p = \frac{i_{nom}}{m}$$

Unterjährige Verzinsung mit einfachen Zinsen

Für die unterjährige Verzinsung mit einfachen Zinsen werden die Zinsen mehrmals pro Jahr berechnet, jedoch nicht der Kapitalbasis zugeführt. Für die Berechnung der Periodenzinsen Z_p werden das zu Beginn der Kapitalanlage vorhandene Kapital K_0 und der Periodenzinssatz i_p angesetzt.

$$Z_p = K_0 \cdot i_p$$

Das Kapital $K_{k,t}$ am Ende der k-ten Zinsperiode des Jahres t (mit k als Index der Zinsperiode in t) berechnet sich auf Grundlage der m Zinsperioden wie folgt:

$$K_{k,t} = K_0 + [(t - 1) \cdot m + k] \cdot Z_p$$

Unterjährige Verzinsung mit einfachen Zinsen

Der Wert einer Kapitalanlage K_0 in Höhe von 50.000 € sei für eine Laufzeit n von fünf Jahren und für einen nominellen Zinssatz i von 5 % bei unterjähriger Verzinsung mit einfachen Zinsen zu berechnen.

> *Bei quartalsmäßiger Zinsabrechnung (m = 4) ergibt sich am Ende der Laufzeit ein Kapital $K_{4,5}$ in Höhe von 62.500 €.*
>
> $$i_p = \frac{0,05}{4} = 0,0125$$
>
> $$Z_p = 50.000\,€ \cdot 0,0125 = 625\,€$$
>
> $$K_{4,5} = 50.000\,€ + [(5-1) \cdot 4 + 4] \cdot 625\,€ = 62.500\,€$$

Unterjährige Verzinsung mit Zinseszinsen

Für die unterjährige Verzinsung mit Zinseszinsen werden die Periodenzinsen zu jedem Zinsverrechnungszeitpunkt (*m*-mal pro Jahr) auf die Kapitalbasis aufgeschlagen und in der nächsten Periode mitverzinst. Berechnungsbasis für jeden Zinsverrechnungszeitpunkt ist die Kapitalbasis der Vorperiode. Das Kapital $K_{k,t}$ am Ende der *k*-ten Zinsperiode des Jahres *t* ergibt sich dann wie folgt:

$$K_{k,t} = K_0 \cdot q_p^{(t-1) \cdot m + k}\text{, mit } q_p = i_p + 1 = \frac{i_{nom}}{m} + 1$$

Unterjährige Verzinsung mit Zinseszinsen

> *Bei einer Kapitalanlage K_0 in Höhe von 50.000 €, einer Laufzeit n von fünf Jahren, einem nominellen Zinssatz i von 8 % sowie bei quartalsmäßiger Zinsabrechnung (m = 4) gilt bei unterjähriger Verzinsung mit Zinseszinsen:*
>
> $$q_p = \frac{0,08}{4} + 1 = 1,02$$

$$K_{4,5} = 50.000\,€ \cdot 1,02^{(5-1) \cdot 4 + 4} = 50.000\,€ \cdot 1,02^{20} = 74.297,37\,€$$

Unterjährige Verzinsung mit gemischten Zinsen

Bei der unterjährigen Verzinsung mit gemischten Zinsen stimmt die Kapitalbindungsdauer mit keinem unterjährigen Zinsverrechnungszeitpunkt überein.

Wie bei der jährlichen Verzinsung mit gemischten Zinsen erfolgt die Berechnung des am Ende der Laufzeit vorhandenen Kapitals in mehreren Schritten. Zunächst wird das zum letzten Zinsverrechnungszeitpunkt vorhandene Kapital K_G auf Basis der unterjährigen Verzinsung mit Zinseszinsen berechnet. Für die Restlaufzeit, die kleiner als eine Zinsperiode ist, sind die Zinsen anteilig durch einfache Verzinsung des Kapitals zu bestimmen. Der Anteil s der Restlaufzeit RL an der einjährigen Zinsperiode ZP ergibt sich analog zur jährlichen Verzinsung wie folgt:

$$s = \frac{RL}{ZP}$$

Der Zinssatz der Restlaufzeit i_{RL} entspricht dem Produkt von s und nominellem Jahreszinsfuß i_{nom}.

$$i_{RL} = s \cdot i_{nom}$$

Die Zinsen der Restlaufzeit Z_{RL} ergeben sich durch Multiplikation von i_{RL} und K_G.

$$Z_{RL} = K_G \cdot i_{RL}$$

Auf der Grundlage von K_G und Z_{RL} wird schließlich das Kapital am Ende der Laufzeit K_L bestimmt.

$$K_L = K_G + Z_{RL} = K_G + i_{RL} \cdot K_G = K_G \cdot (1 + i_{RL})$$

Unterjährige Verzinsung mit gemischten Zinsen

Der Wert des Kapitals am Ende einer Laufzeit n von 5 Jahren und 2 Monaten sei bei einem nominellen jährlichen Zinssatz i von 8% und für eine Kapitalanlage K_o in Höhe von 50.000 € bei quartalsmäßiger Zinsabrechnung zu berechnen.

$$K_{4,5} = 50.000 \text{ €} \cdot 1{,}02^{(5-1)\cdot 4 + 4}$$

$$= 50.000 \text{ €} \cdot 1{,}02^{20} = 74.297{,}37 \text{ €}$$

$$s = \frac{2}{12} = 0{,}16\overline{6} \text{ und } i_{RL} = \frac{2}{12} \cdot 0{,}08 = 0{,}013\overline{3}$$

$$K_L = 74.297{,}37 \text{ €} \cdot (1 + 0{,}013\overline{3}) = 75.288 \text{ €}$$

Tilgungsrechnung

Mit der Tilgungsrechnung werden die Rückzahlungsbeträge für aufgenommene Kredite ermittelt. Der Rückzahlungsbetrag R_t zu einem Zeitpunkt t entspricht der Summe von Zinsen Z_t und Tilgung T_t zum Zeitpunkt t.

$$R_t = Z_t + T_t$$

Die Summe der Tilgungsraten entspricht der nominellen Kredithöhe zum Zeitpunkt der Kreditaufnahme. Tilgungsraten fallen nach Ablauf der tilgungsfreien Jahre an. Die Tilgungszinsen sind die vom Kreditnehmer auf das gebundene Kapital zu entrichtenden Zinszahlungen, die während der gesamten Kreditlaufzeit anfallen.

Gestaltungsparameter in der Tilgungsrechnung sind die Art der Tilgung und die Anzahl der tilgungsfreien Jahre.

Die tilgungsfreien Jahre entsprechen dem Zeitraum, in dem zwar Zinsen entrichtet werden, die Tilgung des Kredits jedoch ausgesetzt wird.

Tilgungsarten sind

▸ die Ratentilgung und

▸ die Annuitätentilgung.

Ratentilgung

Nach Ablauf der tilgungsfreien Jahre ist der bei Ratentilgung aufgenommene Kredit in konstanten Beträgen zurückzuzahlen. Während der tilgungsfreien Jahre $t = 1$ bis f ist die Kapitalhöhe des Kredits konstant. Die Restschuld S_t zum Zeitpunkt t ist in dieser Zeitspanne mit dem Nennwert des Kredits S_0 identisch. Es gilt:

$$S_t = S_0 \text{ für } t = 1 \text{ bis } f$$

Die Höhe der jährlichen Zinsen Z_t für die tilgungsfreien Jahre bei einem Zinssatz i beträgt:

$$Z_t = S_0 \cdot i$$

Es sind keine Ratenzahlungen innerhalb der tilgungsfreien Jahre zu leisten. Der Rückzahlungsbetrag R_t im Zeitpunkt t entspricht den Zinsen.

$$R_t = Z_t$$

Nach Ablauf der tilgungsfreien Jahre kann der Tilgungsbetrag T_t zum Zeitpunkt t als Quotient von S_0 und der Anzahl der verbleibenden Perioden ermittelt werden.

$$T_t = \frac{S_0}{n - f} \text{ für } t = f + 1 \text{ bis } n$$

Die Restschuld S_t in einer Periode $t \geq f + 1$ bei konstanten Tilgungsbeträgen T ergibt sich wie folgt:

$$S_t = S_0 - [t - (f + 1)] \cdot T \quad \text{für } t \geq f + 1$$

Mit jeder Tilgung verringert sich die Kapitalbasis. Für die Zinsen Z_t der Perioden $t > f$ gilt:

$$Z_t = S_t \cdot i$$

Die Rückzahlungsbeträge nach Ablauf der tilgungsfreien Jahre bestimmen sich dann schließlich wie folgt:

$$R_t = i \cdot S_t + T = i \cdot [S_0 - [t - (f + 1)] \cdot T] + T \quad \text{für } t \geq f + 1$$

Ratentilgung

Bei einem Nennbetrag S_0 von 120.000 € und einem Zinssatz i von 12 % ergibt sich bei Ratentilgung der folgende Tilgungsplan. Die Dauer der tilgungsfreien Jahre (die Gesamtlaufzeit) betrage zwei (fünf) Jahre.

t	Restschuld S_t	Zinsen Z_t	Rate T_t	Rückzahlung R_t
1	120.000,00	14.400,00	0,00	14.400,00
2	120.000,00	14.400,00	0,00	14.400,00
3	120.000,00	14.400,00	40.000,00	54.400,00
4	80.000,00	9.600,00	40.000,00	49.600,00
5	40.000,00	4.800,00	40.000,00	44.800,00

Annuitätentilgung

Der Rückzahlungsbetrag ist bei der Annuitätentilgung während der gesamten Zeit der Tilgung konstant. Die Zinszahlungen Z_t in der tilgungsfreien Zeit $t = 1$ bis f ergeben sich analog zur Ratentilgung als Produkt von Zinssatz i und Nennwert des Kredits S_0.

$$Z_t = S_0 \cdot i$$

In den tilgungsfreien Jahren sind keine Ratenzahlungen zu leisten. Wie bei der Ratentilgung entspricht der Rückzahlungsbetrag R_t in diesem Zeitraum den Zinsen.

$$R_t = Z_t$$

Nach Ablauf der tilgungsfreien Zeit ergeben sich die Rückzahlungsbeträge R_t auf Basis des Annuitätenfaktors $ANF_{n-f,i}$. Der Betrag der Restschuld wird für diesen Zeitraum als Barwert der Zahlungsreihe R_{f+1} bis R_n in Bezug auf $t = f$ kalkuliert.

$$R_t = S_0 \cdot ANF_{n-f,i}$$

Der Annuitätenfaktor $ANF_{n,i}$ berechnet sich in Abhängigkeit vom Zinsfaktor q:

$$ANF_{n,i} = \frac{q^n \cdot i}{q^n - 1}$$

Mit jeder Tilgung verringert sich die Kapitalbasis. Für die Zinsen Z_t und die Restschuld S_t der Perioden $t > f$ gilt:

$$Z_t = S_t \cdot i$$

Die Tilgung T_t für eine Periode $t > f$ entspricht der Differenz zwischen Rückzahlungsbetrag und Zinsen.

$$T_t = R_t - Z_t = R_t - i \cdot (S_{t-1} - T_{t-1}), \text{ mit } S_t = S_{t-1} - T_{t-1}$$

Annuitätentilgung

Für das Zahlenbeispiel der Ratentilgung ergibt sich ein Annuitätenfaktor $ANF_{3,0,12}$ von etwa 41,63 %:

$$ANF_{5-2,0,12} = \frac{1,12^{5-2} \cdot 0,12}{1,12^{5-2} - 1} \approx 0,4163$$

Damit beträgt der Rückzahlungsbetrag R_t nach Ablauf der tilgungsfreien Jahre 49.961,88 €.

$$R_t = 120.000 \, € \cdot \frac{0,12 \cdot 1,12^{5-2}}{1,12^{5-2} - 1} = 49.961,88 \, €$$

Der Tilgungsplan lautet dann wie folgt:

t	Restschuld S_t	Zinsen Z_t	Rate T_t	Rückzahlung R_t
1	120.000,00	14.400,00	0,00	14.400,00
2	120.000,00	14.400,00	0,00	14.400,00
3	120.000,00	14.400,00	35.561,88	49.961,88
4	84.438,12	10.132,57	39.829,31	49.961,88
5	44.608,82	5.353,06	44.608,82	49.961,88

Der Güterstrom

Beschaffung

Die betriebliche Leistungserstellung beginnt mit der Beschaffung, die sämtliche Tätigkeiten und Aufgabenbereiche umfasst, die zur Bereitstellung der benötigten Ressourcen erforderlich sind.

Voraussetzung für den operativen Beschaffungsvollzug ist die Bereitstellungsplanung. Ihr Ziel ist es, die benötigten Güter in der erforderlichen Art und in der benötigten Menge sowie Qualität zum richtigen Zeitpunkt und am richtigen Ort zur Verfügung zu stellen. Die Bereitstellungsplanung umfasst die Bedarfs-, die Beschaffungs- und die Lagerplanung.

Bedarfsplanung

Die Bedarfsplanung dient der Analyse des voraussichtlichen Bedarfs an Betriebsmitteln, die für die betriebliche Leistungserstellung benötigt werden. Grundlage der Bedarfsplanung sind die Fertigungspläne der Produktion. Zur Bestimmung der (Material-)Bedarfsmenge können zwei Verfahren eingesetzt werden: die programm- und die verbrauchsgebundene Bedarfsplanung.

Die programmgebundene Materialbedarfsplanung ermittelt den Materialbedarf auf Basis der Produktionspläne – d. h. insbesondere der Stücklisten – der Planungsperiode(n). Die wesentlichen Ansätze sind:

▸ Analytische Methode: Der Materialbedarf ergibt sich durch Multiplikation der Erzeugnismengen mit den entsprechenden Materialangaben aus der Stückliste.

▸ Gozinto-Methode: Der (in-)direkte Materialbedarf eines oder mehrerer Erzeugnisse wird auf Basis von Graphen und Matrizen dargestellt.

Die verbrauchsgebundene Materialbedarfsplanung basiert auf dem Materialverbrauch der Vorperiode(n). Auf Grundlage einer detaillierten Materialbestands- und -bewertungsrechnung wird mithilfe von Prognoseverfahren der zukünftige Materialbedarf extrapoliert.

Im Folgenden werden beispielhaft die ABC-Analyse und – in einem Exkurs – die Gozinto-Methode näher erläutert.

ABC-Analyse

Die ABC-Analyse dient der Materialklassifizierung und schafft so die Entscheidungsbasis für die Auswahl von Bereitstellungsmaßnahmen. Unterschieden werden A-, B- und C-Artikel:

▸ A-Artikel besitzen einen überproportionalen Anteil am Gesamtbeschaffungswert bei nur geringem Mengenanteil.

▸ Bei B-Artikeln ist die Mengen-Wert-Relation verhältnismäßig ausgeglichen.

▸ C-Artikel zeichnen sich durch einen relativ großen Mengenanteil bei einem geringen Wertanteil aus.

Bei A-Artikeln sind aufwendige Methoden der Bedarfsplanung eher gerechtfertigt als bei B- oder gar C-Artikeln.

Die Einteilung der Materialien in A-, B- und C-Artikel kann mit der Lorenz-Kurve veranschaulicht werden:

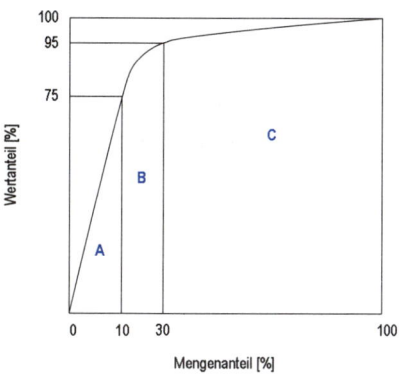

Lorenz-Kurve

Artikelklassifikation

Eine Organisation plant, in einem Bedarfszeitraum (z. B. in einem Jahr) folgende acht Artikel für die gegebenen Bedarfsmengen und Einkaufspreise zu beschaffen:

Artikelnr.	Bedarfsmenge pro Jahr [Stück]	Einkaufspreis pro Stück [€]
1	12.250	7,50
2	2.250	6,00
3	200	55,00
4	23.500	0,30
5	45.000	0,20
6	6.500	5,50
7	400	75,00
8	7.500	7,10

Die Organisation kategorisiert die Artikel vereinfachend in Abhängigkeit von ihrem Anteil am Gesamtbeschaffungswert gemäß folgender Regel in A-, B- und C-Artikel:

Anteil am Gesamtbeschaffungswert [%]	Artikelart
ca. 75,00	A
ca. 20,00	B
ca. 5,00	C

Die Kategorisierungsregeln führen zu folgender Artikelklassi-fikation:

Artikelnr.	Beschaffungswert [€]	Anteil am Gesamtbeschaffungswert [%]	Artikelart
1	91.875,00	36,54	A
8	53.250,00	21,18	A
6	35.750,00	14,22	A
Σ	180.875,00	71,94	
7	30.000,00	11,93	B
2	13.500,00	5,37	B
3	11.000,00	4,38	B
Σ	54.500,00	21,68	
5	9.000,00	3,58	C
4	7.050,00	2,80	C
Σ	16.050,00	6,38	

Gesamtbe-schaffungswert	251.425,00

Exkurs: Die Gozinto-Methode

Die Gozinto-Methode („the part that goes into") dient der programmgebundenen Bedarfsplanung und stellt den (in-)direkten Materialbedarf eines oder mehrerer Erzeugnisse auf Basis von Graphen und Matrizen dar. Die Knoten des Gozinto-Graphen stehen für Rohstoffe R_i, die in die Produktion von Zwischenprodukten Z_j eingehen, die wiederum für ein Enderzeugnis E benötigt werden. Die Zahlen an den Kanten des Graphen geben an, wie viele Mengeneinheiten ME eines Rohstoffs bzw. Zwischenprodukts zur

Produktion eines Zwischen- bzw. Enderzeugnisses benötigt werden.

Bedarfsplanung mit der Gozinto-Methode

100 Mengeneinheiten eines Enderzeugnisses sollen hergestellt werden. Folgender Gozinto-Graph ist gegeben:

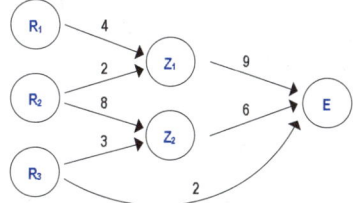

Aus dem Gozinto-Graphen kann unmittelbar die Direktbedarfsmatrix D abgelesen werden:

	R_1	R_2	R_3	Z_1	Z_2	E
R_1	0	0	0	4	0	0
R_2	0	0	0	2	8	0
R_3	0	0	0	0	3	2
Z_1	0	0	0	0	0	9
Z_2	0	0	0	0	0	6
E	0	0	0	0	0	0

Aus der Direktbedarfsmatrix lässt sich rechnerisch die Gesamtbedarfsmatrix G ermitteln. Es gilt: $G = (E - D)^{-1}$ (wobei E die Einheitsmatrix darstellt).

	R_1	R_2	R_3	Z_1	Z_2	E
R_1	1	0	0	4	0	36
R_2	0	1	0	2	8	66
R_3	0	0	1	0	3	20
Z_1	0	0	0	1	0	9
Z_2	0	0	0	0	1	6
E	0	0	0	0	0	1

Auf Basis der Gesamtbedarfsmatrix und eines Primärbe-darfsvektors P können die zur Produktion einer Erzeugnis-menge benötigten Rohstoff- bzw. Zwischenerzeugnismen-gen bestimmt werden. Es gilt: $B = G \cdot P$ (wobei B als Be-darfsmengenvektor bezeichnet wird).

Aus dem Produkt von G und P = (0, 0, 0, 0, 0, 100) resul-tiert damit ein Bedarf von 3.600 (6.600, 2.000) ME für den Rohstoff R_1 (R_2, R_3) und von 900 bzw. 600 ME für die Zwi-schenerzeugnisse Z_1 bzw. Z_2.

Beschaffungsplanung

Die Materialbeschaffungsplanung bereitet den Bezug des ermittelten Materialbedarfs vor. Zu berücksichtigen sind

▸ die erforderliche Art und Qualität,

▸ der Zeitpunkt der Lieferung,

▸ die potenziellen Lieferanten,

▸ die Zahlungskonditionen und

▸ die Bestellmenge.

Gerade der Ermittlung der optimalen Bestellmenge kommt in der Beschaffungsplanung eine zentrale Rolle zu.

Die optimale Bestellmenge y_{opt} ist das Ergebnis einer men-gen- und zeitmäßigen Abstimmung des Materialbedarfs, der Beschaffungskosten und der Lagerkosten.

Die Beschaffungskosten umfassen alle direkten und indi-rekten Kosten, die für die Planung, Durchführung und Kontrolle des Beschaffungsvollzugs anfallen.

Die Höhe der Lagerkosten hängt von der Menge der gelagerten Materialien und von den Kosten für das im Lager gebundene Kapital ab.

Die Formel zur Bestimmung der optimalen Bestellmenge lässt sich wie folgt ermitteln:

Die Lagerkosten K_L ergeben sich in Abhängigkeit von der Bestellmenge y, der Lagerabgangsgeschwindigkeit V und dem Lagerkostensatz Cl.

(1) $K_L = \dfrac{y}{2} \cdot \dfrac{y}{V} \cdot Cl$

$y/2$ entspricht dem durchschnittlichen Lagerbestand, y/V der Lagerzeit. Aus (1) können die Lagerkosten je Stück k_L ermittelt werden:

(2) $k_L = \dfrac{K_L}{y} = \dfrac{y}{2 \cdot V} \cdot Cl$

Die bestellfixen Kosten C_{fix} fallen unabhängig von der Bestellmenge bei jeder Bestellung an. Sie beinhalten z. B. Buchungs- und Materialannahmekosten. Unter Berücksichtigung der bestellfixen Kosten ergibt sich aus (2):

(3) $k(y) = \dfrac{C_{fix}}{y} + \dfrac{y}{2 \cdot V} \cdot Cl$

Die Optimierung von (3), d. h. die Ableitung nach y, liefert die optimale Bestellmenge y_{opt}.

$$y_{opt} = \sqrt{\dfrac{2 \cdot V \cdot C_{fix}}{Cl}}$$

Die Bestellmenge y_{opt} kann grafisch als Schnittpunkt der bestellfixen Kosten und der Lagerkosten je Stück k_L veranschaulicht werden.

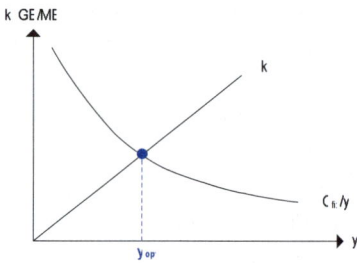

Bestimmung der optimalen Bestellmenge

Lagerplanung

Die Lagerplanung umfasst die Vorratsoptimierung und die Vorratssicherung. Der optimale Lagerbestand ergibt sich unmittelbar aus der Bestellmengenoptimierung. Bestellzeitpunkt und -menge müssen im Rahmen der Vorratssicherung so gewählt werden, dass ein Sicherheitsbestand (Höchstbestand) nicht unterschritten (überschritten) wird.

Der Sicherheitsbestand entspricht dem Produkt aus Tagesverbrauch und Risikodauer:

$$Sicherheitsbestand = Tagesverbrauch \cdot Risikodauer$$

Der Tagesverbrauch entspricht dem Quotienten von Jahresverbrauch und Arbeitstagen pro Jahr:

$$Tagesverbrauch = \frac{Jahresverbrauch}{Arbeitstage\ pro\ Jahr}$$

Die Risikodauer ist die Zeitspanne, die (bei einer bestimmten Lagerabgangsgeschwindigkeit) vom Unterschreiten des Sicherheitsbestands bis zur vollständigen Lagerräumung vergeht.

Die Lagerplanung berücksichtigt die Beschaffungszeit als Zeitspanne zwischen Bestellzeitpunkt und Lieferungseingang sowie die Verbrauchsmenge, die innerhalb der Beschaffungszeit das Lager verlässt. Zusammenfassend lässt sich die Lagerplanung wie folgt veranschaulichen:

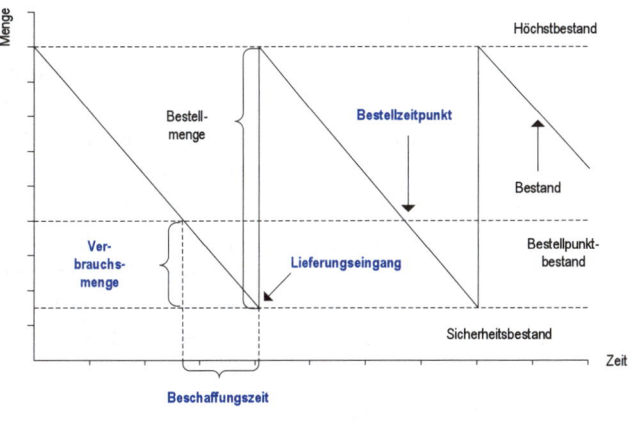

Lagerplanung

Lagerbestand

Der verfügbare Lagerbestand *VB* ergibt sich aus der Summe von Lagerbestand *LB* und offener Bestellmenge *OB* abzüglich des disponierten Bestands *DB* und des Sicherheitsbestands *SB*:

$$VB = LB + OB - DB - SB$$

Der durchschnittliche Lagerbestand *ØLB* entspricht dem arithmetischen Mittel von (Lager-)Anfangsbestand *AB* und Endbestand *EB*.

$$\varnothing LB = \frac{AB + EB}{2}$$

Der Lagerbestand der nächsten Periode LB_{n+1} ist die Summe aus dem Lagerbestand LB_n und den Lagerzugängen LZ_n abzüglich der Lagerabgänge LA_n der aktuellen Periode n.

$$LB_{n+1} = LB_n + LZ_n - LA_n$$

Bei Unterschreitung eines benötigten Lagerbestands treten Fehlmengen auf. Die Folgen sind Terminverzögerungen und Fehlmengenkosten. Beispiele für Fehlmengenkosten sind Konventionalstrafen oder entgangene Gewinne.

Um Fehlmengen zu vermeiden, ist ein kritischer Lagerbestand zu melden. Der Meldebestand MB ist der Lagerbestand, zu dem eine Bestellung unter Berücksichtigung der Lagerabgangsgeschwindigkeit V, der Beschaffungszeit t_B und – falls vorgesehen – dem Sicherheitsbestand SB spätestens erfolgen muss.

$$MB = v \cdot t_n \text{ oder } MB = v \cdot t_n + SB$$

Lagerhaltungsstrategien

Verschiedene Lagerhaltungsstrategien unterstützen die Lagerplanung, indem sie festlegen, zu welchen Zeitpunkten welche Bestellmengen zu beschaffen sind:

Menge Bestellzeitpunkt	Fixe Bestellmenge	Variable Bestellmenge
Fix	(t,Q)-Strategie	(t,S)-Strategie
Variabel	(s,Q)-Strategie	(s,S)-Strategie

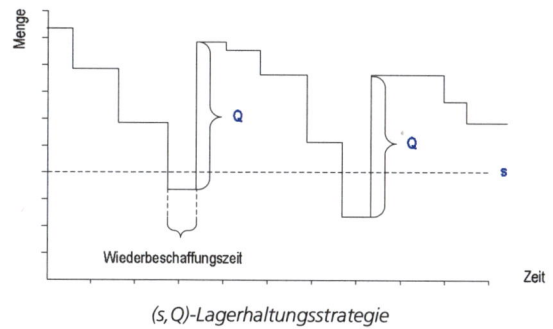

(s, Q)-Lagerhaltungsstrategie

Die (s, Q)-Lagerhaltungsstrategie sieht variable Bestellzeit-punkte und fixe Bestellmengen vor. Bei Unterschreiten eines Bestellpunktbestands s wird eine fixe Bestellmenge Q bezogen.

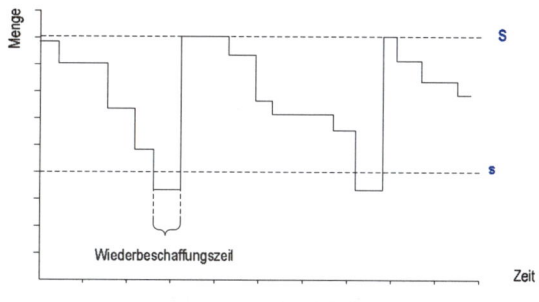

(s, S)-Lagerhaltungsstrategie

Die (s, S)-Lagerhaltungsstrategie berücksichtigt variable Bestellzeitpunkte und Bestellmengen. Bei Unterschreiten eines Bestellpunktbestands s wird eine Bestellmenge in Höhe der Differenz von Wiederauffüllbestand S und gegenwärtigem Lagerbestand bezogen.

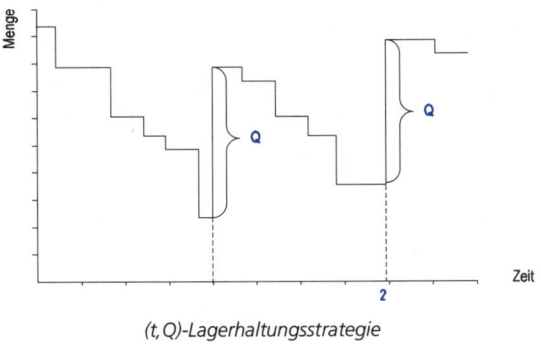

(t, Q)-Lagerhaltungsstrategie

Bei der *(t, Q)*-Lagerhaltungsstrategie werden in fixen Zeitin-
tervallen *t* fixe Bestellmengen *Q* bezogen.

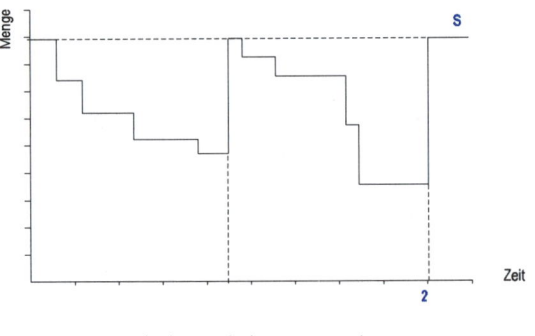

(t, S)-Lagerhaltungsstrategie

Bei der *(t, S)*-Lagerhaltungsstrategie werden in fixen Zeitin-
tervallen *t* variable Bestellmengen in Höhe der Differenz
von Wiederauffüllbestand *S* und gegenwärtigem Lagerbestand beschafft.

Produktion

Unter „Produktion" wird die Erstellung wirtschaftlicher Güter und Dienstleistungen verstanden. Sie ist der Beschaffung logisch nachgelagert. In diesem Kapitel wird zunächst die Produktionsplanung behandelt. Anschließend werden die Deckungsbeitragsrechnung und das Prinzip der Erfahrungskurve sowie verschiedene Fertigungssteuerungskonzepte erläutert.

Produktionsplanung

Die Produktionsplanung unterteilt sich in Produktionsaufteilungs-, Auftragsgrößen-, Produktionsverteilungs- und Ablaufplanung.

Produktionsaufteilungsplanung

Die Produktionsaufteilungsplanung legt fest, welche Produktionsfaktoren in welchen Mengen für welche Dauer und mit welcher Intensität einzusetzen sind, um die Produktionskosten für ein gegebenes Produktionsprogramm zu minimieren. Unter „Intensität" wird die in einer bestimmten Zeiteinheit erbrachte Arbeitseinheit (Stück, Umdrehungen, Meter o. Ä.) verstanden.

Die Höhe der Produktionskosten hängt auch von den Umrüst- und Lagerkosten ab. Umrüstkosten entstehen bei der Umstellung von Produktionsanlagen auf die Anforderungen einer neu zu produzierenden Erzeugnissorte.

Auftragsgrößenplanung

In der Auftragsgrößenplanung wird die Losgröße der Aufträge festgelegt. Ziel ist die Minimierung der Produktionskosten für ein Produktionsprogramm, das aus unterschiedlichen Produktarten besteht.

Die Losgröße bezeichnet in der Produktion eine Menge identischer Produkte, die zwischen zwei Umrüstvorgängen auf einer Anlage hergestellt werden. Die optimale Losgröße y_{opt} ist diejenige, bei der die Summe aus Lagerkosten Cl und Umrüstkosten Cr minimiert wird. In Analogie zur klassischen Bestellmengenformel ist die optimale Losgröße in Abhängigkeit von der Verkaufsmenge V und der Produktionsmenge x pro Zeiteinheit wie folgt definiert:

$$y_{opt} = \sqrt{\frac{2 \cdot V \cdot Cr}{Cl \cdot (1 - \frac{V}{x})}}$$

Der Zielwert y_{opt} entspricht grafisch dem Minimum der Stückkostenfunktion $k(y)$ sowie dem Schnittpunkt von Umrüstkosten je Stück Cr/y und Lagerkosten je Stück $k_L(y)$. In diesem Punkt entspricht der Anstieg der Lagerkosten dem negativen Zuwachs der Umrüstkosten.

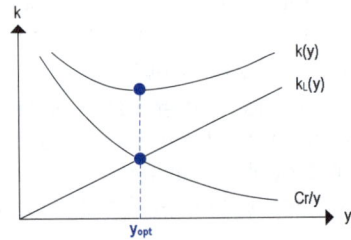

Bestimmung der optimalen Losgröße

Produktionsverteilungsplanung

In der zeitlichen Produktionsverteilungsplanung werden die Produktionsmengen in den einzelnen Zeitabschnitten der Planungsperiode mit den Absatzmöglichkeiten abgestimmt. Ein Beispiel ist die Frage der Berücksichtigung saisonaler Absatzschwankungen. Ziel ist es, ein gegebenes Produktionsprogramm mit minimalen Produktions- und Lagerkosten durchzuführen.

Ablaufplanung

Die (zeitliche) Ablaufplanung legt fest, welche Aufträge in einem mehrstufigen Produktionsprozess mit welchen Betriebsmitteln von welchen Arbeitskräften zu bearbeiten sind. Instrumente der Ablaufplanung sind der (Auftrags-) Reihenfolge- und der Maschinenbelegungsplan.

In der (Auftrags-)Reihenfolgeplanung wird die zeitliche Abfolge festgelegt, in der Produktionsaufträge zu bearbeiten sind. Ziel ist die Minimierung der Abwicklungsdauern. Die gesamte Abwicklungsdauer der Produktion AD_{ges} entspricht der Summe der Abwicklungsdauern je Auftrag AD_i:

$$AD_{ges} = \sum_{i=1}^{n} AD_i \text{ , wobei } n \text{ die Anzahl der Aufträge darstellt.}$$

Die Abwicklungsdauer je Auftrag AD_i entspricht der Summe der Wartezeiten WZ_j und der Produktionszeiten PZ_j aller Maschinen j, die zur Bearbeitung des Auftrags belegt werden.

$$AD_i = \sum_i WZ_j + PZ_j$$

Die Reihenfolge, in der die Fertigungsaufträge bearbeitet werden, hat Einfluss auf die mittlere Abwicklungsdauer ØAD. Sie entspricht der durchschnittlichen Abwicklungsdauer je Auftrag AD_i und ergibt sich als Summe der Abwicklungsdauern aller Aufträge AD_i im Verhältnis zur Anzahl der Aufträge n.

$$\varnothing AD = \frac{1}{n} \cdot \sum_{i=1}^{n} AD_i = \frac{AD_{ges}}{n}$$

In der Maschinenbelegungsplanung wird festgelegt, wann die verschiedenen Aufträge eines mehrstufigen Produktionsprozesses auf einer Maschine zu bearbeiten sind. Die zeitliche Abfolge von Auftragsbearbeitungen kann mithilfe von Gantt-Diagrammen dargestellt werden.

Maschine	Werkskalendertag								
	1	2	3	4	5	6	7	8	9
M 1		Auftrag A					Auftrag B		
M 2		Auftrag C				Auftrag A			
M 3		Auftrag D				Auftrag E			
M 4	Auftrag F		Auftrag B						
M 5		Auftrag E							A.A

Gantt-Diagramm

Prioritätsregeln unterstützen die Ablauf- bzw. die Maschinenbelegungsplanung. Sie legen fest, welche der vor einer Maschine wartenden Aufträge zu bearbeiten sind. Hier einige Beispiele:

▸ Externe Priorität: Die Aufträge werden explizit „von außen" mit einer Priorität versehen.

▶ FCFS (First-Come-First-Served-Regel): Höchste Priorität hat der Auftrag, der am längsten vor der Maschine wartet.

▶ KFZ (Kürzeste-Fertigungszeit-Regel): Höchste Priorität hat der Auftrag mit der kürzesten Fertigungszeit an allen noch zu durchlaufenden Maschinen.

▶ KOZ (Kürzeste-Operationszeit-Regel): Höchste Priorität hat der Auftrag, der mit der kürzesten Operationszeit auf der Maschine bearbeitet werden kann.

▶ Rüstzeitregel: Höchste Priorität hat der Auftrag mit der kürzesten Umrüstzeit für den nächsten Auftrag.

▶ Schlupfzeitregel: Höchste Priorität hat der Auftrag mit den geringsten Pufferzeiten bis zum Liefertermin.

▶ Verspätungsregel: Höchste Priorität hat der Auftrag mit der größten Verspätung.

Das sog. „Dilemma der Ablaufplanung" resultiert aus konfliktären Zielsetzungen. Beispielsweise führt die Minimierung der Durchlaufzeiten nicht zugleich zu einer Maximierung der Termintreue oder zu einer Minimierung der Maschinenstillstandszeiten. Zwischen den Zielsetzungen der Ablaufplanung bestehen die auf der folgenden Seite dargestellten Abhängigkeiten.

Primäres Ziel	Derivative Ziele 1. Ordnung		Derivative Ziele 2. Ordnung	
Gewinn ↑	Lagerkosten	↓	Rohstofflagerzeiten Endlagerzeiten Durchlaufzeiten	↓ ↓ ↓
	Produktionskosten	↓	Gleichmäßige Kapazitätsauslastung	↑
	Erlöse/Umsatz	↑	Ablaufbedingte Stillstandszeiten	↓
	Goodwill	↑	Liefertermiüberschreitungen	↓

Abhängigkeiten zwischen den Zielsetzungen der Ablaufplanung

Deckungsbeitragsrechnung

Die Deckungsbeitragsrechnung wird zur kurzfristigen Produktionsprogrammplanung verwendet, um Art und Menge der in einer Periode zu produzierenden Güter zu bestimmen.

Für die Produktionsprogrammplanung ist entscheidend, ob ein Produktionsengpass vorliegt.

Liegt kein Engpass vor, können sämtliche Produkte mit einem positiven Deckungsbeitrag pro Stück (d. h. einer positiven Brutto-Deckungsspanne) mit ihren Höchstabsatzmengen in das Produktionsprogramm aufgenommen werden.

Liegt hingegen ein Engpass vor, ist der Deckungsbeitrag pro Engpasseinheit als Entscheidungskriterium zu verwenden. Er wird als relative Brutto-Deckungsspanne bezeichnet. Die Programmplanung läuft dann in folgenden Schritten ab:

1. Ermittlung der Brutto-Deckungsspannen BDS_i der Produkte i als Differenz von Absatzpreisen p_i und pagatorischen Kosten k_i^{pag}.

$$BDS_i = p_i - k_i^{pag}$$

2. Eliminierung der Produkte mit negativen Brutto-Deckungsspannen.

3. Ermittlung der relativen Brutto-Deckungsspannen $rBDS_i$ aus den Produktionskoeffizienten des Engpassfaktors PKE_i für die verbleibenden Produkte. Der Produktionskoeffizient PKE gibt an, wie viele Mengeneinheiten eines Produktionsfaktors zur Produktion einer Einheit der Ausbringung benötigt werden.

Die relative Brutto-Deckungsspanne $rBDS$ entspricht dem Quotienten aus Brutto-Deckungsspanne BDS_i und Produktionskoeffizient des Engpassfaktors PKE_i.

$$rBDS_i = \frac{BDS_i}{PKE_i}$$

4. Bildung von Rängen R_i für die Produkte auf Basis der relativen Deckungsspannen.

1	2	3	4 = 2-3	5	6 = 4/5	7
i	p_i	k_i^{pag}	BDS_i	PKE_i	$rBDS_i$	R_i

5. Ableitung der Produktionsmengen für die Produkte unter Berücksichtigung ihrer Höchstabsatzmengen und Produktionskoeffizienten bei sukzessiver Auslastung des Engpassfaktors.

Programmplanung

Ein Unternehmen kann vier verschiedene Produkte herstellen. Produkt 1 (2, 3, 4) hat eine Höchstabsatzmenge von 60

(40, 10, 30) Stück. Für die gegebenen Preise p_i und pagatorischen Kosten k_i^{pag} ergeben sich die folgenden Brutto-Deckungsspannen BDS_i:

i	p_i	k_i^{pag}	BDS_i
1	2.000	1.800	200
2	3.000	2.500	500
3	4.000	3.000	1.000
4	5.000	4.200	800

Da sämtliche Produkte positive Brutto-Deckungsspannen aufweisen, sind die Produkte mit ihren Höchstabsatzmengen zu produzieren.

Nun soll angenommen werden, dass alle Produkte auf derselben Produktionsanlage gefertigt werden. In der Planungsperiode stehen 200 Fertigungsstunden zur Verfügung. Damit ergibt sich ein Produktionsengpass gemäß den folgenden Fertigungszeiten der Produkte:

i	(1) Fertigungsstunden	(2) Höchstabsatzmengen	(1) * (2)
1	2,50	60	150
2	3,00	40	120
3	2,50	10	25
4	5,00	30	150
		Σ	445 (> 200)

Zur Bestimmung des Produktionsprogramms wird daher die relative Brutto-Deckungsspanne $rBDS_i$ verwendet. Es ergibt sich die folgende Rangfolge:

i	p_i	k_i^{pag}	PKE_i	$rBDS_i$	R_i
1	2.000	1.800	2,50	80	4
2	3.000	2.500	3,00	166,67	2
3	4.000	3.000	2,50	400	1
4	5.000	4.200	5,00	160	3

> *Unter Berücksichtigung der zur Verfügung stehenden Ferti-*
> *gungsstunden werden 10 (40, 11) Mengeneinheiten von*
> *Produkt 3 (2, 4) produziert. Produkt 1 wird nicht herge-*
> *stellt.*

Das Erfahrungskurvenkonzept

Das Erfahrungskurvenkonzept legt es nahe, die Geschäftstätigkeit auf wenige Erzeugnisse zu konzentrieren, um
Kostensenkungen zu realisieren, die zu Wettbewerbsvortei-
len führen.

Eine empirische Studie der Boston Consulting Group (BCG)
zeigt, dass im Zeitablauf jeweils bei Verdopplung der kumulierten Produktionsmenge mit einer 20–30%igen Senkung der auf die Wertschöpfung bezogenen, inflationsbe-
reinigten Stückkosten zu rechnen ist.

Die Kostensenkungspotenziale resultieren aus Lerneffek-
ten, die etwa in effizienteren Produktionsverfahren oder
geringeren Ausschussquoten zum Ausdruck kommen. Bei
Massenproduktionsverfahren können periodenbezogene
Fixkosten auf größere Periodenstückzahlen verteilt werden.

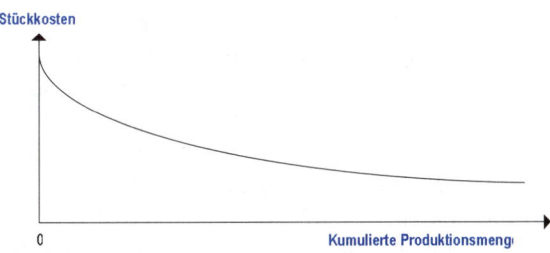

Stückkosten in Abhängigkeit von der kumulierten Produktionsmenge

Die Stückkosten k für ein Vielfaches der kumulierten Produktionsmenge Q entsprechen dem Produkt aus Anfangsstückkosten k_0 und der mit dem negativen Elastizitätskoeffizienten b potenzierten kumulierten Ausbringungsmenge:

$$k(Q) = k_0 \cdot Q^{-b}$$

Die Stückkosten der letzten produzierten Einheit k_n (bei n-maliger Verdopplung der Produktionsmenge) ergeben sich in Abhängigkeit der Anfangsstückkosten k_0 und der Lernrate L:

$$k_n = k_0 \cdot L^n$$

Konzepte der Fertigungssteuerung

In der Produktion werden mehrere Fertigungskonzepte unterschieden. Typische Beispiele sind die belastungsorientierte Auftragsfreigabe, Kanban und das Fortschrittszahlenkonzept.

Belastungsorientierte Auftragsfreigabe (BoA)

Das Konzept der belastungsorientierten Auftragsfreigabe (BoA) dient der Bestandsregelung innerhalb des Produktionsprozesses. BoA geht von einem kontinuierlichen und sich im Gleichgewicht befindlichen Materialfluss aus. Eine Arbeitsstation wird im BoA-Konzept als „Trichter" aufgefasst, der durch einen Zugangs- und einen Abgangsstrom gekennzeichnet ist und einen Auftragsbestand besitzt. Das Produktionssystem besteht aus mehreren Trichtern, die über verschiedene Materialzu- und -abflüsse untereinander verbunden sind.

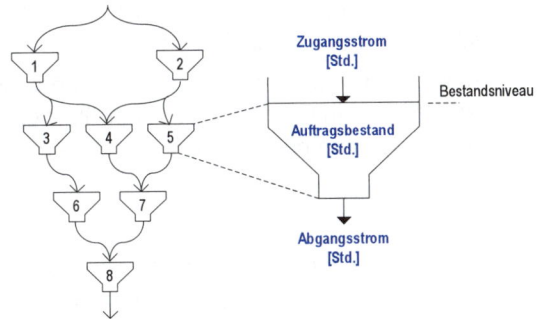

Produktionssystem nach dem BoA-Konzept

Das BoA-Konzept basiert auf dem Zusammenhang von Bestand, Durchlaufzeit und Leistung. Die Leistung spiegelt die mittleren Stillstandszeiten wider und ist wie folgt definiert:

$$Leistung = \frac{Abgang\ im\ Bezugszeitraum}{Bezugszeitraum}$$

Nach der „Trichterformel" entspricht die mittlere Durchlaufzeit *ØDLZ* dem Verhältnis aus Bestand und Leistung.

$$\varnothing DLZ = \frac{Bestand}{Leistung}$$

Die Auftragsfreigabe erfolgt periodisch und in zwei Schritten. Im ersten Schritt wird die Anzahl der Aufträge auf die dringlichen Fälle reduziert und eine Auftragsreihenfolge festgelegt. Als dringlich gelten Aufträge, deren spätestmögliche Starttermine vor einer „Terminschranke" liegen. Im zweiten Schritt erfolgt die Einlastung der Aufträge in der Reihenfolge der spätestmöglichen Starttermine unter Berücksichtigung der maximalen Bestände der Arbeitsstationen. Der Einlastungsprozentsatz *EP* gibt das Verhältnis aus maximalem Bestand und Planleistung an.

Der Zusammenhang zwischen Durchlaufzeit und Einlastungsprozentsatz für einen Zeitraum *P* kann über den folgenden Wirkungszusammenhang ausgedrückt werden:

$$DLZ = \frac{(EP - 100) \cdot P}{100}$$

Die Gleichung drückt die Entsprechung der Durchlaufzeiten sämtlicher Arbeitsstationen bei gleichem Einlastungsprozentsatz aus.

Kanban

Das japanische Kanban-Konzept dient der Minimierung der Lagerbestände. Das Management der Bestände folgt nicht wie bei BoA einem zentralen Prinzip, sondern unterliegt einer dezentralen Steuerung.

Ausgangspunkt ist der Produktionsplan der letzten Fertigungsstufe. Sie entnimmt die für die Produktion benötigten Teile aus einem „Kanban-Behälter". Der leere Behälter wird inklusive einer „Kanban-Karte" als Produktionsauftrag an die vorgelagerte Fertigungsstufe gesendet.

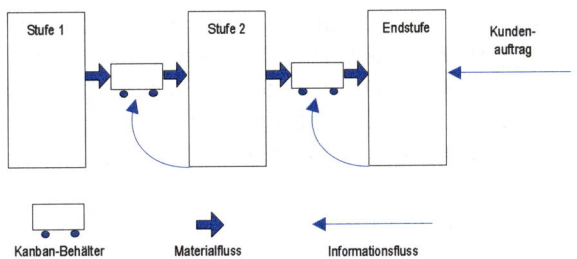

Management von Lagerbeständen nach dem Kanban-Konzept

Eine Kanban-Karte enthält als Produktionsinformationen beispielsweise den Namen und die Nummer des Teils, die Behälterart, die Standardfüllmenge, die Herkunft der Teile (Fertigungsstelle, Quelle) und ihre Adresse (Fertigungsstelle, Senke). Um dem Auftrag nachzukommen, benötigt die Fertigungsstufe wiederum Teile einer vorgelagerten Fertigungsstufe und verfährt analog. Der Informationsfluss erfolgt damit dezentral entgegen dem Materialfluss.

Die Menge der benötigten Kanban-Behälter ergibt sich in Abhängigkeit des Teilebedarfs je Tag, der Wiederbeschaffungszeit eines Loses und der Standardanzahl der Teile je Behälter.

$$Kanbans = \frac{Teilebedarf\ je\ Tag\ \cdot\ Wiederbeschaffungszeit\ je\ Los}{Standardanzahl\ der\ Teile\ je\ Behälter}$$

Das Fortschrittszahlenkonzept

Das Fortschrittszahlenkonzept ist eine zentrale Planungsmethode auf Basis mittlerer Übergangszeiten. Durch Fortschrittszahlen wird festgelegt, zu welchen Terminen welche Erzeugnismengen in den einzelnen Fertigungsstufen zu produzieren sind. Ziel ist die Einhaltung von Lieferterminen. Die Soll-Fortschrittszahlen werden den tatsächlichen Ausbringungsmengen gegenübergestellt, um Fehlmengen zu identifizieren und Steuerungsmaßnahmen abzuleiten.

Das Fortschrittszahlenkonzept ist kein Instrument zur Ablaufplanung, sondern zur Überwachung von Materialflüssen. Der Zusammenhang zwischen den Ist- und den Soll-Fortschrittszahlen *Ist-FZ* und *Soll-FZ* sowie dem Lagerbestand und den Fehlmengen kann in Abhängigkeit von der Zeit wie folgt dargestellt werden:

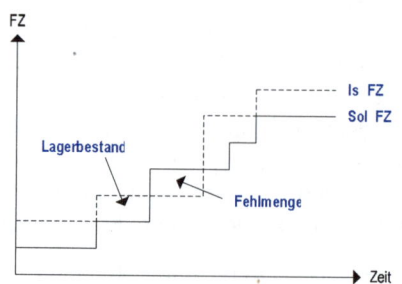

Fortschrittszahlen in Abhängigkeit von der Zeit

Absatz

Der Absatz schließt den betrieblichen Leistungsprozess mit Beschaffung und Produktion ab und hat die Weitergabe der erstellten Leistung an den Markt zum Gegenstand. Nach der Einführung des Begriffs des relevanten Marktes werden in diesem Kapitel Determinanten beobachtbaren Käuferverhaltens sowie Strategien der Marktsegmentierung und -bearbeitung behandelt. Anschließend werden Instrumente der Absatzwirtschaft eingehender dargestellt.

Dazu zählen die Produkt-, die Distributions-, die Kommuni-
kations- und die Kontrahierungspolitik.

Relevanter Markt

Märkte sind Orte zur Abstimmung von Angebot und Nachfrage. Ein Markt besteht aus (tatsächlichen und potenziellen) Käufern substitutiver Leistungen.

Märkte können unterschiedliche Angebots- und Nachfrage-
strukturen aufweisen, die wie folgt systematisiert werden:

Anbieter \ Nachfrager	Atomistisch/ polypolistisch	Oligopolistisch	Monopolistisch
Atomistisch/ polypolistisch	Atomistische (poly- polistische) Konkurrenz	Nachfrage-Oligopol	Nachfrage-Monopol
Oligopolistisch	Angebots-Oligopol	Bilaterales Oligopol	Beschränktes Nachfrage-Monopol
Monopolistisch	Angebots-Monopol	Beschränktes Angebots-Monopol	Bilaterales Monopol

Marktformen

In der Absatzwirtschaft ist der relevante Markt sachlich,
zeitlich und räumlich sowie nach der Marktstufe abzugrenzen.

Die Abgrenzung des relevanten Markts kann nach verschiedenen Konzepten erfolgen.

▸ Nach dem Datenkranzkonzept wird der relevante Markt
  auf Grundlage preistheoretischer Modelle abgegrenzt
  und als exogene – also von Organisationen nicht zu be-
  einflussende – Größe angesehen.

▸ Das Elementarmarktkonzept geht davon aus, dass jedes
  Produkt seinen eigenen relevanten Markt besitzt.

▶ Das Konzept der physisch-technischen Ähnlichkeit nimmt die Produkteigenschaften (Stoff, Verarbeitung, Form, technische Gestaltung) als Ausgangspunkt der Abgrenzung.

▶ Nach dem Konzept der Kreuzpreiselastizität umfasst der relevante Markt sämtliche Produkte, die sich durch eine hohe Kreuzpreiselastizität auszeichnen (substitutive Güter).
Die Kreuzpreiselastizität ε_{ij} drückt die Sensibilität der Nachfrage M_i nach einem Gut i bei Änderung des Preises p_j eines anderen Gutes j aus.

$$\varepsilon_{ij} = \frac{\partial M_i}{M_i} : \frac{\partial p_j}{p_j}$$

▶ Das Grundbedürfniskonzept definiert den relevanten Markt nach der Funktionsähnlichkeit der Güter.

▶ Das Konzept der subjektiven Austauschbarkeit grenzt den Markt auf Grundlage der Produkte ab, die einander (nach Ansicht des Verwenders) ersetzen können.

▶ Das anbieterorientierte Konzept der konjekturalen Konkurrenzreaktionen sieht schließlich eine Abgrenzung des relevanten Marktes durch die Identifikation von Konkurrenzprodukten vor, die ein Unternehmer in seinen Absatzplanungen berücksichtigt.

Zur Marktbearbeitung und -segmentierung sind die (potenziellen) Käufer hinsichtlich ihres Kaufverhaltens zu analysieren.

Käuferverhalten

Nach dem Grad der Kaufroutine, dem Nachfragertyp und der Anzahl der Kaufentscheider lassen sich Kaufentscheidungsprozesse wie folgt differenzieren:

Grad der Routinierung	Impulskauf	Habitualisierte Kaufentscheidung	Vereinfachte Kaufentscheidung	Extensive Kauf-entscheidung
Nachfragertyp	Haushalt		Organisation	
Zahl der Kauf-entscheider	Mehrere		Einzelne	

Käuferverhalten

Die Determinanten beobachtbaren Käuferverhaltens sind Emotion, Motivation und Einstellung.

▸ Emotionen sind Erregungsvorgänge eines Individuums, die als angenehm oder unangenehm empfunden werden (z. B. Durst).

▸ Motivation resultiert aus Emotionen und berücksichtigt zusätzlich die kognitive Handlungsorientierung (z. B. Trinken).

▸ Die subjektive Einstellung zu einem Objekt (z. B. Getränk einer bestimmten Marke) kann über Befragungen und sog. „Einstellungsmodelle" abgeschätzt werden.

Ein solches Einstellungsmodell ist das Fishbein-Modell, das die Einstellung A_{ik} einer Person i gegenüber einem Objekt k misst. Dabei werden eine kognitive Komponente B_{ijk} und eine affektive Komponente a_{ijk} unterschieden. Es gilt:

$$A_{ik} = \sum_{j=1}^{n} B_{ijk} \cdot a_{ijk}$$

Die kognitive Komponente entspricht der subjektiven Wahrscheinlichkeit dafür, dass das Objekt eine Eigenschaft j aufweist. Die affektive Komponente gibt die Bewertung der Eigenschaft durch den Befragten wieder.

Das Fishbein-Modell ist ein multiplikatives Modell, das bei monotonen Items eingesetzt wird. Bei nicht monotonen Items wird das Trommsdorff-Modell verwendet.

Das nicht multiplikative Trommsdorff-Modell misst die Einstellung E_{ik} auf Grundlage des tatsächlichen Eindrucks des j-ten Merkmals im Hinblick auf Objekt k bei Person i (T_{ijk}) und des Idealbilds des j-ten Merkmals für ein Objekt der gleichen Klasse (I_{ij}). Es gilt:

$$E_{ik} = \sum_{j=1}^{n} \left| T_{ijk} - I_{ij} \right|$$

Marktsegmentierung und -bearbeitung

Unter „Marktsegmentierung" wird die Aufteilung des relevanten Markts in Käufergruppen verstanden. Diese Käufergruppen umfassen potenzielle Kunden, die in ihrem Kaufverhalten jeweils ähnlich auf Marktbearbeitungsmaßnahmen reagieren.

Die Marktsegmentierung erfolgt auf der Basis bestimmter Kriterien. Berücksichtigt werden sowohl demografische (sozioökonomische und geografische) als auch psychografische Kriterien (Einstellungen, Persönlichkeits- und Verhaltensmerkmale).

Es gibt unterschiedliche Strategien zur Bearbeitung von Märkten und Marktsegmenten:

▸ Bei der undifferenzierten Marktbearbeitung wird dem gesamten Markt ein einziges Produkt angeboten.

▸ Die differenzierte Marktbearbeitung sieht die Auswahl mehrerer Marktsegmente vor, in denen ein Unternehmen mit spezifischen Absatzprogrammen aktiv wird.

▸ Bei der konzentrierten Marktbearbeitung beschränkt sich das Unternehmen auf ein spezifisches Marktsegment.

Eine Methode zur Marktsegmentierung ist die Cluster-Analyse. Dabei wird eine vorliegende Stichprobe von Nachfragern nach ausgewählten Kriterien in Teilgruppen unterteilt, die in sich möglichst homogen und untereinander möglichst heterogen sind. Zwischen den Untersuchungsobjekten werden Distanzstrukturen (Ähnlichkeitsgrade) identifiziert, die zur differenzierten Marktbearbeitung eingesetzt werden.

Grundlage der Analyse ist eine Datenmatrix, die die Einstellung $x_{i,j}$ eines Objekts p_i zu einem (Produkt-)Merkmal m_j und die Merkmalsgewichte g_j darstellt.

p_i $\quad$ m_j	m_1	...	m_m	g_j
p_1	$x_{1,1}$	...	$x_{1,m}$	g_1
:	:	:	:	:
p_n	$x_{n,1}$	...	$x_{n,m}$	g_m

Datenmatrix zur Cluster-Analyse

Die Datenmatrix wird in eine Distanzmatrix transformiert. Als Distanzmaß zwischen zwei Objekten *i* und *l* kann die euklidische Distanz $d_{i,l}$ verwendet werden. Es gilt:

$$d_{i,l} = \sum_{j=1}^{m} (x_{i,j} - x_{l,j})^2$$

Die Distanzmatrix stellt die euklidischen Distanzen zwischen den Objekten p_i dar.

p_i	p_1	...	p_n
p_1	$d_{1,1} = 0$	...	$d_{1,n}$
:	:	:	:
p_n	$d_{n,1}$	...	$d_{n,n} = 0$

Distanzmatrix zur Cluster-Analyse

Die Objekte mit der geringsten euklidischen Distanz sind schrittweise zu fusionieren. Sukzessive werden neue Distanzen berechnet, bis geeignete Marktsegmente vorliegen.

Absatzinstrumente

Instrumente der Absatzwirtschaft sind die Produkt-, die Distributions-, die Kommunikations- und die Kontrahierungspolitik.

Produktpolitik

Die Produktpolitik hat die Produkteigenschaften so auszugestalten, dass die Nachfrager in ihrem Kaufverhalten positiv beeinflusst werden. Differenziert werden das Kernprodukt, das formale Produkt und das erweiterte Produkt.

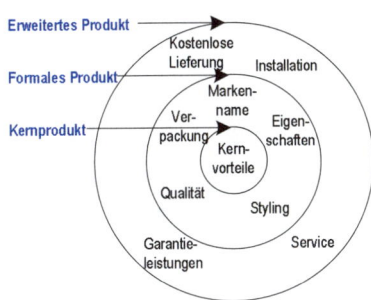

Schematische Darstellung von erweitertem, formalem und Kernprodukt

In der Produktpolitik spielen die Wirtschaftlichkeit von Neuprodukteinführungen und die Produktmarke eine entscheidende Rolle.

Die Marke eines Produkts kennzeichnet dessen Herkunft und unterscheidet das Produkt von Konkurrenzprodukten. Bei einer Marke handelt es sich um einen Namen, einen Begriff, ein Zeichen, ein Symbol oder eine Kombination dieser Bestandteile. Eine Markierung erhöht den Wiedererkennungswert bei den Nachfragern und besitzt einen spezifischen ökonomischen Wert, in dem insbesondere das Vertrauen in das Produkt zum Ausdruck kommt. In Abhängigkeit von der Zeit t lässt sich der Aufbau des Markenwerts bei Einhaltung der Leistungsversprechen wie folgt darstellen:

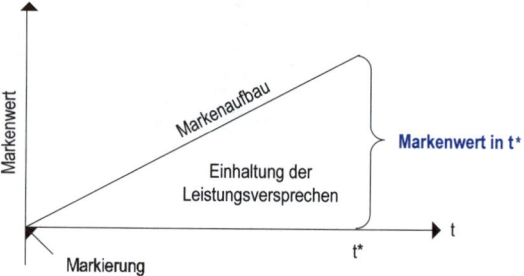

Aufbau des Markenwerts in Abhängigkeit von der Zeit

Zur Messung des Markenwerts wird zwischen verschiedenen finanzorientierten Ansätzen differenziert.

Nach dem ertragswertorientierten Verfahren entspricht der Markenwert dem Barwert sämtlicher markenbezogener Einzahlungsüberschüsse. In Abhängigkeit vom Zeitraum der zu erwartenden Umsätze *n*, dem Lizenzsatz in Prozent *L*, der durchschnittlichen Umsatzerwartung pro Jahr *U* und dem (endlichen, nachschüssigen) Rentenbarwertfaktor $RBF_{n,p}$ (wobei *p* der branchenüblichen Umsatzrendite entspricht) ergibt sich der ertragswertorientierte Markenwert *MW* wie folgt:

$$MW = \sqrt[3]{U^2} \cdot L \cdot RBF_{n,p}$$

Die Wirtschaftlichkeit von Neuprodukteinführungen kann auf Basis der Break-even-Analyse abgeschätzt werden.

Der Break-even-Punkt ist die Absatzmenge x_{B}, bei der die Umsatzerlöse *U* den Kosten *K* entsprechen und die Gewinnzone beginnt.

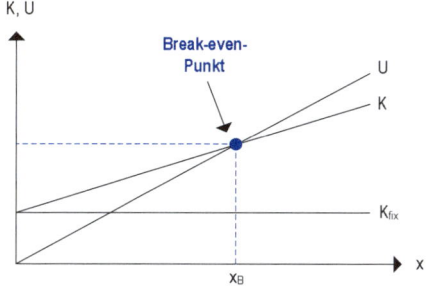

Break-even-Analyse

Der Umsatz *U* entspricht dem Produkt von Absatzmenge *M* und Verkaufspreis *p*.

$$U = p \cdot M$$

Die Umsatzfunktion *U(M)* zeigt den Verlauf des Umsatzes *U* in Abhängigkeit von der Absatzmenge *M*. Sie ergibt sich durch Multiplikation der Preis-Absatz-Funktion *p(M)* mit der Absatzmenge:

$$U(M) = p(M) \cdot M$$

Die Umsatzfunktion lässt sich in Abhängigkeit von Preis (*GE*) und Menge (*ME*) visualisieren. Sie kann der Preis-Absatz-Funktion p(M), den Gesamtkosten K_G und den fixen Kosten K_{fix} gegenübergestellt werden. Für ein Monopolunternehmen werden der gewinnmaximale Preis p_{CP} und die gewinnmaximale Menge M_{CP} durch den sog. Cournot'schen Punkt (*CP*) gekennzeichnet.

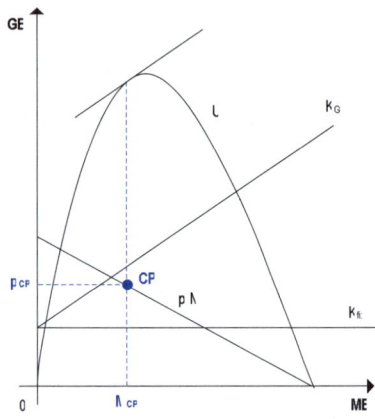

Umsatz- und Preis-Absatz-Funktion

Distributionspolitik

Unter „Distribution" wird der Prozess der Überbrückung räumlicher und zeitlicher Distanzen zwischen Angebot und Nachfrage verstanden.

Die Distributionspolitik umfasst Entscheidungen und Maßnahmen, die sich auf die Übermittlung der Produkte und Dienstleistungen an die Kunden beziehen. Dazu gehört insbesondere die Wahl der Absatzwege. Zu unterscheiden sind der direkte und der indirekte Vertrieb.

▸ Der indirekte Vertrieb sieht eine Zwischenschaltung rechtlich und wirtschaftlich selbstständiger Absatzmittler vor.

▸ Der direkte Vertrieb kann durch betriebseigene oder betriebsfremde Absatzorgane erfolgen.

Die Aufgabe des Vertriebskanals ist es, Leistungen und Gegenleistungen zwischen Anbietern und Letztverkaufsstellen auszutauschen. Die Auswahl des Vertriebskanals muss die Betriebsform der Absatzmittler berücksichtigen. Kriterien sind

▶ die Stationarität,

▶ die Kontaktform,

▶ die Betriebsgröße,

▶ die Sortiments- und Organisationsstruktur sowie

▶ die Kaufart.

Stationarität	Ortsgebunden		Ortsungebunden	
Kontaktform	Bedienung	Selbstbedienung	Automaten	Versand
Betriebsgröße	„Tante-Emma-Laden"	SB-Markt	Supermarkt	Verbraucher-markt
Sortiments-struktur	Einbranchen-Geschäft		Mehrbranchen-Geschäft	
Organisations-struktur	Filialbetrieb	Einkaufsgemeinschaften	Ketten	
Kaufart	Versorgung		Erlebnis	

Vertriebskanäle

Kommunikationspolitik

Die Kommunikationspolitik ist ein Teilbereich des Marketings. Sie beschäftigt sich mit Öffentlichkeitsarbeit, persönlichem Verkauf, Verkaufsförderung und Werbung.

„Öffentlichkeitsarbeit" (oder „Public Relations") bezeichnet das Werben um ein positives öffentliches Ansehen.

Zielsetzung ist i. d. R. die Entwicklung eines Firmenimages und die damit verbundene Steigerung des Markenwerts.

Der persönliche Verkauf soll zum einen den Absatz durch Verkaufsgespräche fördern und zum anderen die Kommunikation zwischen Unternehmen und Kunden verbessern.

Maßnahmen der Verkaufsförderung dienen als Ergänzung der Absatzwerbung. Wesentliche Instrumente sind die Dealer Promotion, das Merchandising, die Staff Promotion und die Consumer Promotion.

Unter „Werbung" wird schließlich die beabsichtigte Beeinflussung von Marktteilnehmern verstanden, die zur Erreichung unternehmerischer Ziele erfolgt.

Die Werbewirkung ww_i für einen Werbeträger i entspricht dem Produkt aus Werbewirkungskoeffizient des Werbeträgers w_i und Anzahl der Werbemittel des Werbeträger s_i:

$$ww_i = \sum_{i=1}^{n} s_i \cdot w_i$$

Der Werbewirkungskoeffizient w_i zur Berechnung der Werbewirkung eines Werbeträgers i ist in Abhängigkeit vom Anteil der Zielgruppe an den Rezipienten des Werbeträgers l_i, den psychologischen Merkmalen der Rezipienten des Werbeträgers e_i und der Qualität des Werbeträgers q_i wie folgt definiert:

$$w_i = l_i \cdot e_i \cdot q_i$$

Kontrahierungspolitik

Gegenstand der Kontrahierungspolitik ist die Vertragsgestaltung zwischen Anbieter und Nachfrager.

Hierzu zählen Preisvereinbarung und kontrahierungspoliti-sche Instrumente wie Rabatte, Absatzkredite, Skonti, Lie-fer- und Zahlungskonditionen sowie Garantieleistungen.

Rabatte sind Preisnachlässe, die dem Abnehmer für be-stimmte Leistungen gewährt werden (z. B. für die Abnah-me größerer Mengen).

Absatzkredite sind verkaufsfördernde Kredite, die meist bei hochwertigen Waren eingeräumt werden und dem Kun-den eine Bezahlung in Teilbeträgen ermöglichen.

Ein Skonto ist ein Preisnachlass, der bei Zahlung innerhalb einer festgelegten Frist gewährt wird.

Die Liefer- und Zahlungsbedingungen umfassen den Inhalt und die Abgeltung der erbrachten Leistung, z. B. Um-tauschrecht, Konventionalstrafen oder Mindestmengen.

Garantieleistungen sind anbieterseitige Versprechen, z. B. bezüglich der Haltbarkeit oder Funktionstüchtigkeit eines Produkts.

Wesentlich für die Kontrahierungspolitik ist die Preispolitik eines Unternehmens. Der Preis entspricht der für den Er-werb eines Produkts zu leistenden monetären Kompensa-tion. Bedeutend für die Absatzwirtschaft ist das Verhältnis von Preis und Absatzmenge, das über die Preis-Absatz-Funktion beschrieben wird.

Im Angebotsmonopol lautet die Preis-Absatz-Funktion $p(M)$ für einen Prohibitivpreis a und eine Absatzmenge M:

$$p(M) = a - b \cdot M$$

Die lineare Preis-Absatz-Funktion im Angebotsmonopol schneidet die Ordinate beim Prohibitivpreis und die Abszis-se bei der Sättigungsmenge.

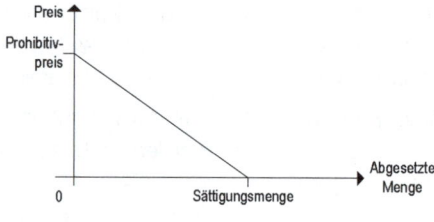

Preis-Absatz-Funktion

Der Prohibitivpreis ist der Preis, zu dem kein Nachfrager mehr bereit ist, das angebotene Produkt zu erwerben. Die Sättigungsmenge M_s ist die höchste absetzbare Menge eines Produkts, d. h. die Absatzmenge, die sich bei einem Preis von null ergibt. Es gilt:

$$p(M_s) = 0$$

Preisstrategien umfassen – über grundlegende Fragen der Preisfestlegung hinaus – dynamische Aspekte der Preisgestaltung.

▸ Mit der Penetrationsstrategie werden zunächst relativ geringe Preise gesetzt, um möglichst rasch hohe Marktanteile zu erzielen und den relevanten Markt zu erschließen.

▸ Bei der Marktabschöpfungsstrategie wird hingegen ein relativ hoher Preis angesetzt, der mit zunehmender Markterschließung sukzessive reduziert wird.

▸ Eine andere Preisstrategie sieht eine Synchronisation des Preises mit der Entwicklung der Stückkosten vor, die entsprechend dem Erfahrungskurvenkonzept abnehmend verlaufen.

Der Geldstrom

Finanzbuchführung

Die Finanzbuchführung ist ebenso wie die Kosten- und Leistungsrechnung Teil des betrieblichen Rechnungswesens. Im Gegensatz zur Kosten- und Leistungsrechnung ist sie jedoch eine pagatorische Rechnung, die Geschäftsvorfälle zahlungsorientiert bewertet. Sie dient der mengen- und wertmäßigen Erfassung der Geld- und Güterbestände bzw. -ströme eines Unternehmens zum Nachweis der Wirtschaftlichkeit und zur Rechenschaftslegung gegenüber externen Adressaten.

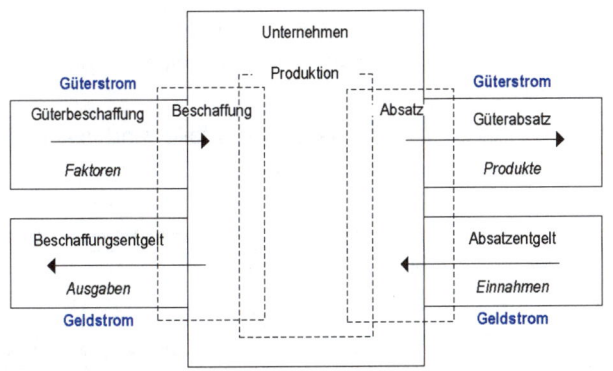

Geld- und Güterströme in Organisationen

Grundlage der Finanzbuchführung ist die Erfassung von Geschäftsvorfällen. In diesem Kapitel wird gezeigt, wie auf Basis der Geschäftsvorfälle die Vermögens-, die Ertrags- und die Finanzlage eines Unternehmens analysiert werden können. Dabei werden die wesentlichen Bestandteile des Jahresabschlusses – die Bilanz, die Gewinn- und Verlustrechnung und die Kapitalflussrechnung – behandelt.

Erfassung und Kontierung von Geschäftsvorfällen

Unter einem „Geschäftsvorfall" wird ein quantifizierbarer Vorgang im Unternehmen verstanden, der sich auf die Höhe und/oder die Zusammensetzung des Vermögens und der Schulden auswirkt.

Als „Vermögen" wird die Gesamtheit aller in Geldeinheiten ausgedrückten (bewerteten) Vermögensgegenstände bezeichnet. Schulden sind Rechtsansprüche Dritter auf Geldzahlungen und/oder andere Leistungen.

Geschäftsvorfälle werden auf Konten gebucht. Die linke Seite eines Kontos wird als Soll-Seite bezeichnet, die rechte als Haben-Seite.

Nach Art der erfassten Geschäftsvorfälle sind Bestands- und Erfolgskonten zu unterscheiden.

Bestandskonto

Soll	Aktivkonto (z. B. Kasse)	Haben
Anfangsbestand Zugänge	Abgänge	
Summe	Summe	

Soll	Passivkonto (z. B. Verbindlichkeit)	Haben
Abgänge	Anfangsbestand Zugänge	
Summe	Summe	

Erfolgskonto

Soll	Aufwand (z. B. Mietaufwand)	Haben
Aufwand		
Summe	Summe	

Soll	Ertrag (z. B. Zinsertrag)	Haben
	Ertrag	
Summe	Summe	

Kontierung

Erfolgswirksame Geschäftsvorfälle (also solche, die das Eigenkapital erhöhen oder verringern) werden auf Erfolgskonten gebucht. Bestandskonten umfassen dagegen erfolgsneutrale Geschäftsvorfälle, die keinen Einfluss auf das Eigenkapital haben.

Doppelte Buchführung

Bei der doppelten Buchführung führt jeder Geschäftsvorfall, der auf der Soll-Seite (Haben-Seite) eines Kontos gebucht wird, zugleich zu einer Gegenbuchung auf der Haben-Seite (Soll-Seite) zumindest eines korrespondierenden Kontos. Die Buchung wird als Buchungssatz formuliert.

Buchungssatz

Ein Unternehmen hat eine Maschine für 50.000 € (in bar) angeschafft. Dieser Geschäftsvorfall wird in den Bestandskonten „Maschine" und „Kasse" wie folgt gebucht:

Buchungssatz: Maschine 50.000 €   an   Kasse 50.000 €

Soll		Maschine	Haben
Anfangsbestand	130.000 €	Saldo	180.000 €
Buchung	50.000 €		
Summe	180.000 €	Summe	180.000 €

Soll		Kasse	Haben
Anfangsbestand	60.000 €	Buchung	50.000 €
		Saldo	10.000 €
Summe	60.000 €	Summe	60.000 €

Rechengrößen der Finanzbuchführung

Die zentralen Rechengrößen der Finanzbuchführung sind Ausgaben und Einnahmen, Auszahlungen und Einzahlungen sowie Erträge und Aufwendungen.

▸ Ausgaben stellen Entgelte für die im Rahmen der Beschaffung bezogenen Faktoren dar. Dabei kann es sich um Auszahlungen, Forderungsabgänge oder Verbindlichkeitszugänge handeln.

▸ Einnahmen sind Entgelte für veräußerte Güter und erbrachte Leistungen, z. B. Einzahlungen, Forderungszugänge oder Verbindlichkeitsabgänge.

▸ Ausgaben und Einnahmen betreffen Bewegungen des Geldvermögens.

Auszahlungen und Einzahlungen fallen bei Bewegungen von liquiden Mitteln an (z. B. Bargeld, täglich fällige Guthaben bei Kreditinstituten). Auszahlungen (Einzahlungen) bezeichnen den Abgang (Zugang) von liquiden Mitteln.

Aufwendungen und Erträge sind erfolgswirksame, periodisierte Ausgaben bzw. Einnahmen und stellen eine aus der Geschäftstätigkeit resultierende Eigenkapitalminderung bzw. -erhöhung dar.

Die Vermögenslage

Die Vermögenslage ergibt sich aus der Gegenüberstellung von Vermögen und Schulden. Sie ist im Gegensatz zur Ertragslage eine zeitpunktbezogene Beurteilung der Organisation. Das zentrale Instrument zu ihrer Darstellung ist die Bilanz.

Die Vermögenslage ist zum Zeitpunkt der Gründung eines Unternehmens und dann periodisch jeweils zum Ende eines jeden Geschäftsjahrs als Teil des Jahresabschlusses darzustellen (§ 242 Abs. 1 HGB). Dabei erfolgt die Bilanzierung von Vermögensgegenständen zu Anschaffungs- oder zu Herstellungskosten.

Anschaffungs- und Herstellungskosten

Anschaffungskosten (bzw. -ausgaben) sind nach § 255 Abs. 1 HGB die Aufwendungen (bzw. Ausgaben), „die geleistet werden, um einen Vermögensgegenstand zu erwerben und ihn in einen betriebsbereiten Zustand zu versetzen, soweit sie dem Vermögensgegenstand einzeln zugeordnet werden können". Sie berechnen sich wie folgt:

Anschaffungspreis (ohne Umsatzsteuer)

+ Anschaffungsnebenkosten

– Anschaffungspreisminderungen

+ nachträgliche Anschaffungskosten

= Anschaffungskosten i. S. d. § 255 Abs. 1 HGB

Die Herstellungskosten sind die Ausgaben, die in der Produktion für den Verbrauch von Faktoren oder den Bezug von Dienstleistungen anfallen. Zu unterscheiden sind ein Höchst- und ein Mindestansatz. Beim Mindestansatz sind die Herstellungskosten in der Bilanz nur zu Einzelkosten anzusetzen, beim Höchstansatz umfassen sie zusätzlich die Gemeinkosten.

Das Höchstwertprinzip ist ein Bilanzierungsgrundsatz, der die Verbindlichkeiten betrifft und den Ausweis nicht realisierter Gewinne unterbindet. Nach § 252 Abs. 1 Ziffer 4

HGB sind „alle vorhersehbaren Risiken und Verluste, die bis zum Abschlussstichtag entstanden sind", in der Bilanz darzustellen. Nach den Grundsätzen ordnungsmäßiger Buchführung muss „vorsichtig" bewertet werden, d. h. die Verbindlichkeiten sind mit ihrem Höchstwert anzusetzen.

Das Niederstwertprinzip gilt im Gegensatz zum Höchstwertprinzip für Vermögensgegenstände des Anlage- und des Umlaufvermögens. Nach § 253 HGB sind die Vermögensgegenstände höchstens mit den Anschaffungs- und den Herstellungskosten (vermindert um Abschreibungen) in der Bilanz anzusetzen.

Der (Rest-)Buchwert eines Vermögensgegenstands ergibt sich in Abhängigkeit von den historischen Anschaffungskosten *AK* bzw. Herstellungskosten *HK* und den kumulierten Abschreibungen und Zuschreibungen.

Historische AK/HK

– kumulierte Abschreibungen

+ kumulierte Zuschreibungen

= Buchwert

Die Bilanz

Die Bilanz stellt die Vermögenslage eines Unternehmens in komprimierter Form dar. Sie liefert eine wertmäßige Aufstellung des Vermögens, der Schulden und des Eigenkapitals eines Unternehmens zu einem Stichtag.

Auf der Aktivseite werden gleichartige Vermögenspositionen zusammengefasst. Die Posten dieser Seite werden als „Aktiva" bezeichnet. Die Passivseite der Bilanz nimmt sowohl die Schuldenpositionen als auch das Reinvermögen auf, das in der Bilanz als Eigenkapital ausgewiesen wird. Posten der Passivseite werden „Passiva" genannt. Die Vermögens- und Schuldenpositionen werden untergliedert in Anlage- und Umlaufvermögen sowie Verbindlichkeiten und Rückstellungen.

Die Gliederung der Bilanz findet sich in § 266 HGB.

Aktiva	Bilanz zum Stichtag	Passiva
Anlagevermögen		Eigenkapital
		Verbindlichkeiten
Umlaufvermögen		
		Rückstellungen
Rechnungsabgrenzungsposten		Rechnungsabgrenzungsposten
Summe		Summe

Vermögenslage eines Unternehmens in Form einer Bilanz

Anlage- und Umlaufvermögen

Im Anlagevermögen sind nur solche Vermögensgegenstände auszuweisen, „die bestimmt sind, dauernd dem Geschäftsbetrieb zu dienen" (§ 247 Abs. 2 HGB). Dazu zählen

▸ immaterielle Vermögensgegenstände,

▸ Sachanlagen und

▸ Finanzanlagen.

Das Umlaufvermögen beinhaltet die Vermögensgegenstände eines Unternehmens, deren Bestand – im Gegensatz zum (langfristigen) Anlagevermögen – durch Zu- und Abgänge typischerweise variiert. Dazu gehören Vorräte, Forderungen und sonstige Vermögensgegenstände, Wertpapiere sowie liquide Mittel.

Zu den Forderungen zählen Forderungen aus Lieferungen und Leistungen, Forderungen gegenüber verbundenen Unternehmen, Forderungen gegenüber Unternehmen, mit denen ein Beteiligungsverhältnis besteht, und sonstige Vermögensgegenstände.

Liquide Mittel setzen sich aus Kassenbestand, Schecks, Bundesbankguthaben und Guthaben bei Kreditinstituten zusammen.

In einer Bilanz entspricht die Summe der Aktiva stets der Summe der Passiva. Die Differenz von Vermögen und Schulden wird als „Eigenkapital" (oder „Reinvermögen") bezeichnet. Die Summe der Schulden eines Unternehmens wird als „Fremdkapital" bezeichnet.

Verbindlichkeiten und Rückstellungen

Verbindlichkeiten sind Schulden, deren Fälligkeit und Betrag ex ante feststehen. Folgende Verbindlichkeitsarten sind zu unterscheiden:

▸ Anleihen

▸ Verbindlichkeiten gegenüber Kreditinstituten

▸ Erhaltene Anzahlungen auf Bestellungen

▸ Verbindlichkeiten aus Lieferungen und Leistungen

▸ Verbindlichkeiten aus der Annahme gezogener Wechsel und der Ausstellung eigener Wechsel

▸ Verbindlichkeiten gegenüber verbundenen Unternehmen

▸ Verbindlichkeiten gegenüber Unternehmen, mit denen ein Beteiligungsverhältnis besteht

▸ Sonstige Verbindlichkeiten

Rückstellungen sind Schulden, deren Fälligkeit und Betrag ex ante nicht feststehen. In § 266 HGB werden Rückstellungen für Pensionen und ähnliche Verpflichtungen, Steuerrückstellungen sowie sonstige Rückstellungen unterschieden.

Aktive (passive) Rechnungsabgrenzungsposten werden in der Bilanz gebildet, wenn Einzahlungen und Erträge (Auszahlungen und Aufwendungen) zeitlich nicht übereinstimmen. Dies ist beispielsweise der Fall, wenn Zahlungsziele über den Bilanzstichtag hinweg vereinbart wurden und Entstehung und Begleichung von Forderungen (Verbindlichkeiten) in unterschiedlichen Abrechnungsperioden anfallen.

Die Ertragslage

Die Ertragslage eines Unternehmens lässt sich anhand folgender Gleichung ermitteln:

$$Ertragslage = \sum Ertr\ddot{a}ge - \sum Aufwendungen$$

Die Ertragslage wird in der Gewinn- und Verlustrechnung (GuV) kalkuliert und als Jahresüberschuss ausgewiesen.

Die GuV ist neben der Bilanz und der Kapitalflussrechnung Teil des Jahresabschlusses. Sie beschreibt die Bestandteile der Eigenkapitaländerungen aus der Geschäftstätigkeit und stellt hierzu Ertrag und Aufwand einer Periode gegenüber.

Zur Ermittlung des Erfolgs eines Unternehmens werden die Salden aller Erfolgskonten im GuV-Konto gesammelt. Ein positiver (negativer) Erfolg wird als Gewinn (Verlust) bezeichnet. Die GuV kann gemäß § 265 und § 275 HGB nach dem Gesamt- und dem Umsatzkostenverfahren gegliedert werden. Die Verfahren unterscheiden sich hinsichtlich der Ermittlung des Betriebsergebnisses.

Soll	GuV	Haben
Betriebsaufwendungen	Betriebserträge	
Finanzaufwendungen	Finanzerträge	
Außerordentliche Aufwendungen	Außerordentliche Erträge	
Steueraufwand		
Saldo (Gewinn)		
Summe	Summe	

Gewinn- und Verlustrechnung

Gesamt- und Umsatzkostenverfahren

Das Betriebsergebnis erfasst auf Grundlage der GuV sämtliche Positionen, die auf die betriebliche Leistungserstellung zurückzuführen sind.

Während beim Gesamtkostenverfahren (GKV) als Mengengerüst sämtliche in einer Periode produzierten Leistungen angesetzt werden, wird beim Umsatzkostenverfahren (UKV) von den in einer Periode abgesetzten Gütern ausgegangen. Gegenüber dem GKV erübrigt sich beim UKV die

Bewertung von Bestandsänderungen nicht abgesetzter Leistungen. Die Unterscheidung resultiert aus dem Auseinanderfall zwischen Produktion und Absatz von Leistungen einer Periode.

Nach dem GKV ist das Betriebsergebnis wie folgt zu ermitteln:

Umsatzerlöse

± *Bestandsänderungen*

+ *andere aktivierte Eigenleistungen*

= *Gesamtleistung*

– *gesamte Kosten*

= *Betriebsergebnis (GKV)*

Nach dem UKV ist das Betriebsergebnis wie folgt definiert:

Umsatzerlöse

– *Umsatzkosten*

= *Betriebsergebnis (UKV)*

Ab- und Zuschreibungen

Eine wichtige Aufwandsposition in der GuV sind die Abschreibungen. Sie geben den Wertverlust eines mehrjährig nutzbaren Wirtschaftsguts wieder und bewirken in der Bilanz eine Aktiv-Passiv-Minderung. Zu unterscheiden sind

▸ planmäßige und

▸ außerplanmäßige Abschreibungen.

Außerplanmäßige Abschreibungen erfassen im Gegensatz zu den planmäßigen Abschreibungen den außergewöhnlichen Wertverlust eines Vermögensgegenstands. Zu ihrer

Aktivierung gilt für Gegenstände des Anlagevermögens nach § 253 Abs. 3 HGB das gemilderte Niederstwertprinzip. Für das Umlaufvermögen ist nach § 253 Abs. 4 HGB das strenge Niederstwertprinzip zu beachten.

Eine Zuschreibung ist im Gegensatz zur Abschreibung die Erhöhung des Buchwerts eines Vermögensgegenstands. Sie erfolgt i. d. R., um eine vorangegangene, außerplanmäßige Abschreibung rückgängig zu machen.

Finanzlage

Zur Bestimmung der Finanzlage eines Unternehmens werden sämtliche Zahlungsströme, Zahlungsverpflichtungen und Zahlungsansprüche aufgezeichnet. Auf Basis der Bilanz gibt die Finanzlage Aufschluss darüber, inwieweit ein Unternehmen seinen fälligen finanziellen Verpflichtungen nachkommen kann.

Kapitalflussrechnung

Die Kapitalflussrechnung ist ein Instrument zur Abbildung der Finanzlage und stellt Einzahlungen und Auszahlungen für eine bestimmte Rechnungsperiode einander gegenüber.

Während die Bilanz angibt, in welcher Höhe sich die Liquidität geändert hat, zeigt die Kapitalflussrechnung auf, welche Geschäftsvorfälle zur Liquiditätsänderung geführt haben.

Die Finanzmittelbewegungen werden für den operativen Bereich sowie für den Investitions- und den Finanzierungsbereich ausgewiesen.

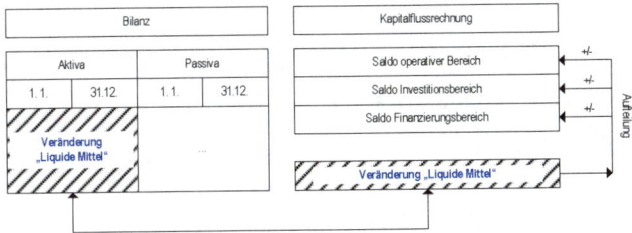

Gegenüberstellung von Bilanz und Kapitalflussrechnung

Liquiditätsanalyse

Die Liquiditätsanalyse ist ein Instrument der kurzfristigen Finanzplanung und soll Aufschluss darüber geben, ob die Liquidität eines Unternehmens ausreicht, um Zahlungsverpflichtungen fristgerecht nachkommen zu können.

Zur Bewertung der Liquidität sind sowohl Posten der Aktivals auch der Passivseite der Bilanz einzubeziehen. Liquiditätskennzahlen geben an, inwiefern die kurzfristigen Verbindlichkeiten durch die vorhandene Liquidität gedeckt werden. Folgende Kennzahlen werden für eine Liquiditätsbewertung verwendet:

$$Liquidität\ 1.\ Grades = \frac{liquide\ Mittel}{kurzfristiges\ Fremdkapital} \cdot 100$$

$$Liquidität\ 2.\ Grades = \frac{liquide\ Mittel + kurzfristige\ Forderungen}{kurzfristiges\ Fremdkapital} \cdot 100$$

$$Liquidität\ 3.\ Grades = \frac{liquide\ Mittel + kurzfristige\ Forderungen + Vorräte}{kurzfristiges\ Fremdkapital} \cdot 100$$

Zum kurzfristigen Fremdkapital zählen

▸ Verbindlichkeiten aus Lieferungen und Leistungen,

▸ sonstige Verbindlichkeiten,

▸ Kredite und Darlehen mit einer Laufzeit von unter einem Jahr sowie

▸ kurzfristige Rückstellungen.

Das Nettoumlaufvermögen ähnelt im Aussagegehalt der Liquidität 3. Grades, ist aber als absolute Kennzahl definiert.

$$Nettoumlaufvermögen =$$
$$Umlaufvermögen - kurzfristige \ Verbindlichkeiten$$

Aufgrund der Zeitpunktbezogenheit der dargestellten Liquiditätskennziffern (Verwendung von Bestandsgrößen zu einem Stichtag) sind Aussagen über die zukünftige Zahlungsfähigkeit nur begrenzt möglich.

Zeitraumbezogene Liquiditätskennzahlen wie der Cashflow basieren dagegen auf Bewegungsgrößen (Ein- und Auszahlungen einer Periode).

Cashflow

Der Cashflow, auch als „Umsatzüberschuss" bezeichnet, gibt Auskunft über die Mittelherkunft in einer Periode. Er gilt daher als Indikator für die Innenfinanzierungskraft eines Unternehmens. Er bestimmt sich als Differenz zwischen den durch Umsätze erzielten Einzahlungen und den zu deren Realisierung getätigten Auszahlungen. Der Cashflow kann zur Finanzierung von Investitionen, zur Rückzahlung von Verbindlichkeiten und zur Gewinnausschüttung eingesetzt werden.

Der Cashflow lässt sich direkt aus den zahlungswirksamen Erträgen und Aufwendungen ermitteln.

Betriebseinnahmen (zahlungswirksame Erträge)

– Betriebsausgaben (zahlungswirksame Aufwendungen)

= Cashflow

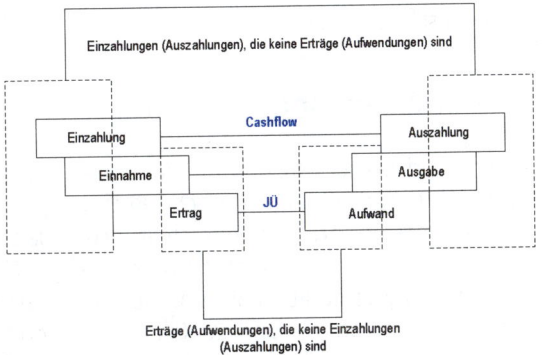

Ermittlung des Cashflows (JÜ = Jahresüberschuss)

Zudem kann der Cashflow auch indirekt aus dem Jahresüberschuss abgeleitet werden. Zu berücksichtigen sind Ab- und Zuschreibungen sowie die Veränderung der langfristigen Rückstellungen.

Jahresüberschuss

+ Abschreibungen

– Zuschreibungen

+ Erhöhung der langfristigen Rückstellungen

– Verminderung der langfristigen Rückstellungen

= Cashflow

Die direkte Methode kann nur bei Kenntnis der internen Zahlungsströme angewendet werden. Die häufig von externen Analysten verwendete indirekte Methode birgt die Schwierigkeit, Annahmen über die internen Zahlungsströme machen zu müssen, da in der GuV liquiditätsunwirksame Erträge und Aufwendungen nicht unmittelbar erkennbar sind und somit eine Bereinigung des Cashflows um diese Größen schwierig ist.

Kosten- und Leistungsrechnung

Die Kosten- und Leistungsrechnung ist im Gegensatz zur Finanzbuchführung eine kalkulatorische Rechnung, die für unternehmensinterne Adressaten erstellt wird. Nach Art und Umfang der zugrunde gelegten Kostengrößen können Kostenrechnungssysteme auf Voll- und auf Teilkostenbasis jeweils zu Ist-, zu Normal- und zu Plankosten konzipiert werden.

Art Umfang	Ist-kostenrechnung	Normal-kostenrechnung	Plan-kostenrechnung
Vollkostenrechnung			
Teilkostenrechnung			

Kostenrechnungssysteme

In diesem Kapitel werden zunächst verschiedene Kostenarten erläutert. Darauf folgt eine Einführung in die Ist-, Normal- und Plankostenrechnung. Schließlich werden generelle Module von Kostenrechnungen vorgestellt: die Kostenarten-, die Kostenstellen- und die Kostenträgerrechnung.

Kostenarten

Kosten sind der bewertete Einsatz von Ressourcen (Produktionsfaktoren und finanzielle Mittel) zur Erstellung einer Leistung. Unterschieden werden Kosten u.a. in Abhängigkeit

▸ von der Bezugsgröße (Stück- und Gesamtkosten),

▸ vom Leistungsmengenbezug (fixe und variable Kosten),

▸ von der Zurechenbarkeit (Einzel- und Gemeinkosten),

▸ vom Umfang der Kostenrechnung (Voll- und Teilkosten),

▸ vom Wertansatz (pagatorische und wertmäßige Kosten).

Die Stückkosten entsprechen denjenigen Kosten, die je Einheit eines Kostenträgers anzusetzen sind. Die gesamten Stückkosten k errechnen sich aus dem Quotienten von Gesamtkosten K und Produktionsmenge x eines Kostenträgers.

$$k = \frac{K}{x}$$

Die Grenzkosten K' sind die Kosten, die bei Produktion einer zusätzlichen Einheit eines Produkts entstehen. Sie ergeben sich aus der ersten Ableitung der Gesamtkostenfunktion K.

$$K' = \frac{dK}{dx}$$

Die Gesamtkosten K entsprechen der Summe von variablen Kosten K_v und fixen Kosten K_f.

$$K = K_v + K_f$$

Fixe Kosten sind Kosten, die bei Änderung einer Bezugsgröße in einem bestimmten Zeitraum konstant bleiben. Als
Bezugsgröße wird häufig die Produktionsmenge angesetzt.
Aber auch Entscheidungen können die Bezugsgröße bilden. Variable Kosten sind dann Kosten, die sich in Abhängigkeit von der Bezugsgröße ändern.

Der Begriff der „sprungfixen Kosten" bezeichnet einen
Kostenverlauf, der sich nicht etwa stetig in Abhängigkeit
von einer Bezugsgröße entwickelt, sondern vielmehr in
Intervallen fix bleibt und im Übergang zwischen den Intervallen Niveauänderungen erfährt. Sprungfixe Kosten resultieren z. B. aus Kapazitätserweiterungen, die ab einer bestimmten Beschäftigungsmenge notwendig werden.

In Abhängigkeit von der Ausbringungsmenge x und der
Höhe der Kosten K können die verschiedenen Kostenverläufe dargestellt werden. Bei proportionalen Kosten führt
eine Beschäftigungsänderung zu einer Kostenänderung in
gleicher Höhe. Beschäftigungsmengenänderungen haben
keinen Einfluss auf die Höhe der fixen Kosten. Sprungfixe
Kosten besitzen nur innerhalb bestimmter Intervalle den
Charakter fixer Kosten. Bei progressiv steigenden Kosten
wachsen die Kosten überproportional zur Beschäftigungsmenge. Bei degressiv steigendem Kostenverlauf erhöhen
sich die Kosten mit zunehmender Ausbringungsmenge
unterproportional.

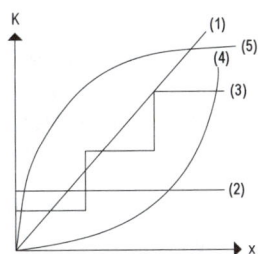

Kostenverläufe in Abhängigkeit von Ausbringungsmenge und Kostenhöhe:
(1) proportionale Kosten, (2) fixe Kosten, (3) sprungfixe Kosten,
(4) progressiv steigende Kosten, (5) degressiv steigende Kosten

▸ Einzelkosten sind einem Kostenträger oder einer Kostenstelle direkt zurechenbar.

▸ Gemeinkosten sind dagegen Kosten, die einem Kostenträger oder einer Kostenstelle nicht direkt zugerechnet werden können (echte Gemeinkosten) oder sollen (unechte Gemeinkosten). Unechte Gemeinkosten sind Gemeinkosten, die zwar als Einzelkosten erfasst werden können, jedoch aus Wirtschaftlichkeitsgründen als Gemeinkosten verrechnet werden.

▸ Von einer Teilkostenrechnung wird gesprochen, wenn in der Kostenrechnung ausschließlich variable Kosten und einem Kostenträger direkt zurechenbare Einzelkosten betrachtet werden. Sie ist von der Vollkostenrechnung abzugrenzen, die neben den variablen auch die anteiligen fixen Kosten und neben den Einzel- auch die Gemeinkosten umfasst.

▸ Pagatorische Kosten sind Kosten, die hinsichtlich ihres realen und wertmäßigen Ansatzes auszahlungswirksam sind. Sie sind auf reale Auszahlungsströme zurückzufüh-

ren. Im Gegensatz zu den wertmäßigen Kosten beruhen
sie auf beobachtbaren Geldausgaben. Wertmäßige Kosten (K^{wert}) berücksichtigen neben den pagatorischen Kosten K^{pag} auch die Opportunitätskosten K^{opp}:

$$K^{wert} = K^{pag} + K^{opp}$$

▸ Unter den Opportunitätskosten K^{opp} werden die entgangenen Gewinne verstanden, die aus der Nicht-Wahrnehmung einer Alternative resultieren.

Ist-, Normal- und Plankostenrechnung

Die Istkostenrechnung erfasst die effektiv anfallenden Kosten einer Abrechnungsperiode bzw. eines Kostenträgers. Bei der Normalkostenrechnung werden dagegen standardisierte Größen angesetzt. Normalkosten entsprechen den durchschnittlichen Istkosten der vergangenen Perioden. Die (flexible) Plankostenrechnung arbeitet mit Kostenvorgaben, d. h. Kosten, die in einer zukünftigen Periode vorgesehen sind. Sie unterscheidet sich daher von der Ist- und der Normalkostenrechnung in ihrem Zeitbezug.

Zur Plankostenrechnung ist eine Sollkostenfunktion K_s aufzustellen. Grundlage sind die Basisplanbeschäftigung für alle Kostenstellen M_p und die Prognose der Plankosten K_p bei Realisation von M_p. Durch Aufspaltung der Plankosten in fixe und variable Plankostenbestandteile K_{pf} und K_{pv} sind die variablen Plankosten pro Stück k_{pv} zu berechnen.

$$k_{pv} = \frac{K_{pv}}{M_p}$$

In Abhängigkeit von der Beschäftigung M kann die Sollkostenkurve abgeleitet werden.

$$K_S = k_{pv} \cdot M + K_{pf}$$

Die geschilderten Zusammenhänge können grafisch wie folgt dargestellt werden:

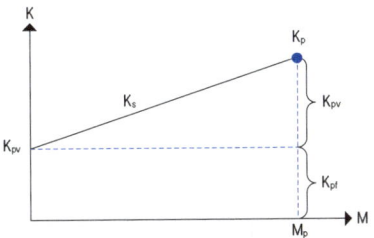

Sollkostenfunktion K_s in Abhängigkeit von der Beschäftigung M

Abweichungsanalyse

Die Plankostenrechnung bildet die Grundlage für die Durchführung von Abweichungsanalysen. Die Abweichungsanalyse untersucht vor allem die Verbrauchs- und die Beschäftigungsabweichung.

Die Verbrauchsabweichung *VA* bewertet den Mehrverbrauch in einer Periode. Sie entspricht der Differenz von Sollkosten K_s und Istkosten K_i bei Istbeschäftigung M_i.

Die Beschäftigungsabweichung *BA* spiegelt den Anteil der nicht verrechneten fixen Kosten wider, der sich ergibt, wenn die Istbeschäftigung kleiner ist als die Planbeschäftigung M_p. Sie misst somit die nicht genutzte Kapazität. Die Beschäftigungsabweichung ergibt sich aus der Differenz von verrechneten Plankosten K_p^{verr} und Sollkosten K_s bei Istbeschäftigung. Bei Plankosten K_p gilt:

$$K_p^{verr} = \frac{K_p}{M_p} \cdot M_i$$

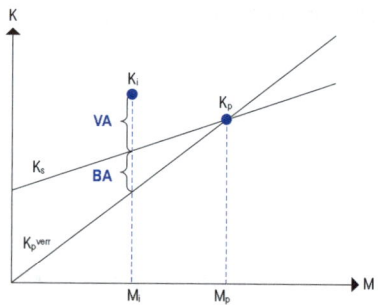

Verbrauchs- und Beschäftigungsabweichung in Abhängigkeit der verschiedenen Ist- und Plangrößen

Kostenarten-, Kostenstellen- und Kostenträgerrechnung

In der Kostenarten- und der Kostenstellenrechnung wird festgestellt, welche Kosten wo angefallen sind. Die Kostenträgerrechnung verrechnet sie auf die Kostenträger (i. d. R. Produkte oder Dienstleistungen) weiter.

Kostenartenrechnung	Kostenstellenrechnung	Kostenträgerrechnung
Welche Kosten sind angefallen?	*Wo sind die Kosten angefallen?*	*Wofür sind die Kosten angefallen?*

Module der Kostenrechnung

Die Kostenartenrechnung

Die Kostenartenrechnung ist die Grundlage der Kostenrechnung. Sie gliedert und erfasst die in einer Periode an-
gefallenen Kosten und weist sie differenziert nach einzelnen Kostenarten aus. Unterscheidungen werden auf Basis

▸ der verbrauchten Produktionsfaktoren (Personal-, Mate-
rial- und Dienstleistungskosten),

▸ des Aufwandsbezugs (aufwandsgleiche und kalkulatorische Kosten) und

▸ des Leistungsmengenbezugs (fixe und variable Kosten)

vorgenommen.

Die Kostenstellenrechnung

Die Kostenstellenrechnung dient der Zuordnung angefalle-
ner Kosten zu Kostenstellen. Kostenstellen sind organisato-
risch abgrenzbare Betriebsbereiche, in denen Leistungen
generiert werden. Sie sind Ort der Kostenentstehung. Unterschieden werden

▸ allgemeine Hilfskostenstellen, die Leistungen für andere
Bereiche des Unternehmens erbringen,

▸ spezielle Hilfskostenstellen (für Fertigung und Material),

▸ Hauptkostenstellen (Material-, Fertigungs-, Verwaltungs-
und Vertriebsstellen).

Ein Instrument der Kostenstellenrechnung ist der Betriebsabrechnungsbogen (BAB). Darin werden die primären Gemeinkosten aus der Kostenartenrechnung verursachungs-
gerecht einzelnen Kostenstellen zugewiesen.

Gemeinkostenarten	Allgemeine und Hilfskostenstellen	Hauptkostenstellen		
		Material-bereich	Fertigungs-bereich	V+V-Bereich
Primäre Gemeinkosten	Direkte Zurechnung (Uraufschreibung) und indirekte Zurechnung (Schlüsselung)			
Sekundäre Gemeinkosten	Abrechnung innerbetrieblicher Leistungen			
		Σ	Σ	Σ
		Zuschlagssätze für die Kalkulation		

Betriebsabrechnungsbogen

Die Zuweisung kann direkt auf Grundlage von Belegen (Uraufschreibung) oder indirekt auf Basis von Schlüsselgrößen erfolgen. Die Gemeinkosten der Hilfskostenstellen werden als sekundäre Gemeinkosten auf die Hauptkostenstellen umverteilt. Die Umlage erfolgt auf Grundlage der innerbetrieblichen Leistungsverrechnung. Im Ergebnis liegen Zuschlagssätze für die Verteilung der Gemeinkosten im Material-, Fertigungs- sowie Verwaltungs- und Vertriebsbereich (V+V-Bereich) vor.

Zur Verrechnung der primären Gemeinkosten im BAB werden mengen- und wertmäßige Gemeinkostenschlüssel verwendet. Beispiele für Mengenschlüssel sind Stückzahl, Zeit, Raum, Fläche oder Gewicht. Wertschlüssel können etwa Kosten, Kapital oder Vermögen sein. Ein typischer Schlüssel zur Bestimmung des Kostenanteils einer Kostenstelle lautet:

Kostenanteil = Schlüsselzahl · Schlüsseleinheitskosten

Die Schlüsseleinheitskosten ergeben sich aus dem Quotienten von Gesamtkosten und Gesamtverbrauch des Unternehmens (beispielsweise kWh). Die Schlüsselzahl entspricht der Verbrauchsmenge der Kostenstelle.

Die innerbetriebliche Leistungsverrechnung unterscheidet

▶ das Stufenleiterverfahren und

▶ das Gleichungsverfahren.

Das Stufenleiterverfahren berücksichtigt lediglich unidirektionale Leistungsverflechtungen zwischen den Kostenstellen. Die Anwendung erfordert die Bildung einer „Stufenleiter", die eine hierarchische Strukturierung der Kostenstellen darstellt und eine Grundlage zur sukzessiven Abrechnung innerbetrieblicher Leistungen schafft.

Das Gleichungsverfahren ermöglicht die Verrechnung auch simultaner Leistungsbeziehungen (bidirektional). Das Gleichungssystem kann hierzu für die leistungsabgebenden Kostenstellen j aufgestellt werden. Es gilt:

$$PK_j = \sum_{i=1}^{n} x_{i,j} \cdot k_i = x_j \cdot k_j \quad \text{, mit:}$$

i (j): empfangende (leistende) Kostenstelle

PK_j: primäre Gemeinkosten der Kostenstelle j

$k_{i(j)}$: Verrechnungspreis der Kostenstelle i (j)

$x_{i,j}$: Leistungseinheiten, die die Kostenstelle i der Kostenstelle j bereitstellt

x_j: Leistungseinheiten, die Kostenstelle j erzeugt hat

Die Gleichungen sind für alle Kostenstellen so aufzulösen, dass die Verrechnungspreise k_j bestimmt werden können.

$$k_j = \frac{PK_j + \sum_{i=1}^{n} x_{i,j} \cdot k_i}{x_j}$$

Die Ermittlung der Zuschlagssätze im Betriebsabrechnungsbogen wird schließlich in Abhängigkeit von der jeweiligen Kostenstelle wie folgt vorgenommen:

Material: $\dfrac{\text{Materialgemeinkosten}}{\text{Materialeinzelkosten}} \cdot 100\,\%$

Fertigung: $\dfrac{\text{Fertigungsgemeinkosten}}{\text{Fertigungseinzelkosten}} \cdot 100\,\%$

Verwaltung: $\dfrac{\text{Verwaltungsgemeinkosten}}{\text{Herstellkosten}} \cdot 100\,\%$

Vertrieb: $\dfrac{\text{Vertriebsgemeinkosten}}{\text{Herstellkosten}} \cdot 100\,\%$

Die Kostenträgerrechnung

Als „Kostenträger" werden die betrieblichen Leistungen eines Unternehmens bezeichnet. Die Kostenträgerrechnung gliedert sich in die Kostenträgerstück- und die Kostenträgerzeitrechnung und dient der Kalkulation der Selbstkosten produzierter Güter und Dienstleistungen. Untersucht wird, welche Kosten mit ihrer Herstellung und ihrem Vertrieb anfallen.

Die Kostenträgerstückrechnung ermittelt die Selbstkosten eines Kostenträgers und die für den Jahresabschluss benötigten Herstellungskosten fertiger und unfertiger Erzeugnisse. Im Folgenden werden die Zuschlagskalkulation und die Divisionskalkulation vorgestellt.

Die (einfache) Zuschlagskalkulation ermittelt die Selbstkosten eines Kostenträgers auf Grundlage der Material- und Fertigungseinzel- sowie -gemeinkosten.

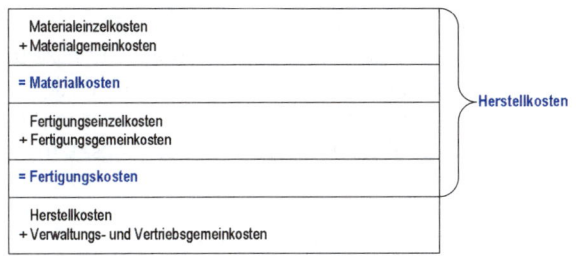

Schema zur Selbstkostenkalkulation

Die Divisionskalkulation wird streng genommen nur bei Einproduktunternehmen angewandt und ermittelt die Selbstkosten K^{Selbst} eines Kostenträgers als Durchschnittskosten. Die einfache Divisionskalkulation geht davon aus, dass nur ein einziges Produkt hergestellt wird, wohingegen die mehrfache Divisionskalkulation Anwendung findet, wenn verschiedene Produkte völlig unabhängig voneinander hergestellt werden. Weiterhin werden die ein-, die zwei- und die mehrstufige Divisionskalkulation differenziert. Die Berechnung erfolgt jeweils auf Vollkostenbasis und leitet sich aus der folgenden generellen Formel ab:

$$K^{Selbst} = K_M + \sum_{i=1}^{n} \frac{K_i}{x_{P_i}} + \frac{K_V}{x_A} \text{, mit:}$$

K_M: Materialkosten pro Stück

K_i: Kosten der Kostenstelle i

K_V: Vertriebskosten

x_{P_i}: Output in der Kostenstelle i

x_A: Absatzmenge

Die einstufige Divisionskalkulation geht davon aus, dass Produktions- und Absatzmenge im Kalkulationszeitraum identisch sind (keine Bestandsänderungen bei fertigen und unfertigen Erzeugnissen). In Abhängigkeit von den Produktionskosten K_P und der Produktions- bzw. Absatzmenge x gilt:

$$K^{Selbst} = K_M + \frac{K_P + K_V}{x}, \text{ wobei } K_P = \sum_{i=1}^{n} K_i$$

Stimmen Produktions- und Absatzmenge nicht überein, wird die zweistufige Divisionskalkulation verwendet (Bestandsveränderung bei fertigen Erzeugnissen). Zur Berechnung der Selbstkosten werden die Produktionskosten K_P ins Verhältnis zur Produktionsmenge x_P und die Vertriebskosten K_V ins Verhältnis zur Absatzmenge x_A gesetzt.

$$K^{Selbst} = K_M + \frac{K_P}{x_P} + \frac{K_V}{x_A}$$

Schließlich liefert die mehrstufige Divisionskalkulation eine dritte Variante, die auch Bestandsänderungen bei unfertigen Erzeugnissen berücksichtigt. Für sie ist die generelle Kalkulationsvorschrift wie folgt anzuwenden:

$$K^{Selbst} = K_M + \sum_{i=1}^{n} \frac{K_i}{x_{P_i}} + \frac{K_V}{x_A}$$

In der Kostenträgerstückrechnung können neben der Zuschlags- und der Divisionskalkulation auch die Äquivalenzziffern- und die Kuppelkalkulation verwendet werden.

Die Kostenträgerzeitrechnung systematisiert die den Kostenträgern zurechenbaren Einzel- und Gemeinkosten in Bezug auf eine Abrechnungsperiode. Das Schema zur Selbstkostenerfassung auf Vollkostenbasis gliedert sich dann wie folgt:

	Produkt 1	...	Produkt n	Summe
Materialeinzelkosten + Personaleinzelkosten + sonstige Einzelkosten				
Einzelkosten				
Sondereinzelkosten der Fertigung + Sondereinzelkosten des Vertriebs				
Sondereinzelkosten				
Einzel- und Sondereinzelkosten				
Materialgemeinkosten + Fertigungsgemeinkosten + V&V-Gemeinkosten				
Gemeinkosten				
Selbstkosten				

Schema der Selbstkostenerfassung (auf Vollkostenbasis)

Die Unternehmensführung

Investitionsrechnung

Unter einer „Investition" wird häufig die Anschaffung oder die Produktion eines Wirtschaftsguts verstanden, das langfristig genutzt werden soll (Sachinvestition). Eine Investition kann aber auch die Durchführung einer Maßnahme mit langfristiger Wirkung, z. B. Forschung, Werbung oder Weiterbildung (immaterielle Investition) oder eine langfristige Geldanlage (Finanzinvestition) sein. Charakteristisch ist, dass heute ein „Opfer" erbracht wird, um in der Zukunft einen zusätzlichen Nutzen zu realisieren.

Die Investitionsrechnung dient der Bewertung von Handlungsalternativen unter Berücksichtigung langfristiger monetärer Entscheidungskonsequenzen. Investitionsentscheidungen sind grundsätzlich mit Unsicherheit verbunden.

Unterschieden werden die statische und die dynamische Investitionsrechnung.

▸ Die Methoden der statischen Investitionsrechnung gehen von einer einperiodigen Betrachtung aus. Sämtliche monetären Entscheidungskonsequenzen werden für diese Periode als Durchschnittsgrößen dargestellt.

▸ Die dynamische Investitionsrechnung berücksichtigt demgegenüber ein mehrperiodiges Zeitkonzept.

In diesem Abschnitt werden dynamische Methoden der Investitionsrechnung behandelt, die in der Praxis verbreitet sind.

Der Gegenwartswert

Eine Grundformel der dynamischen Investitionsrechnung ist der Gegenwartswert, dessen Bezugszeitpunkt t^* ein beliebiger Zeitpunkt in der Vergangenheit, in der Gegenwart oder in der Zukunft sein kann. Sämtliche dynamische Methoden lassen sich auf den Gegenwartswert zurückführen.

Der Gegenwartswert G_{t^*} einer Investition ist die Summe sämtlicher auf einen einheitlichen Bezugszeitpunkt t^* auf- bzw. abgezinsten Einzahlungsüberschüsse d_t.

$$G_{t^*} = \sum_{t=0}^{n} d_t \cdot q^{t^*-t} \text{ , wobei } q \text{ dem Zinsfaktor entspricht.}$$

Der Einzahlungsüberschuss d_t ist die periodenspezifische Differenz der erwarteten Einzahlungen und Auszahlungen. Der Zinsfaktor q ergibt sich in Abhängigkeit vom Kalkulationszinsfuß i:

$$q = 1 + i$$

Der Kalkulationszinsfuß i entspricht dem Zinsfuß, der die Kapitalkosten bewerten soll. Er ergibt sich aus dem gewogenen, arithmetischen Mittel des Fremdkapitalzinssatzes mit dem Fremdkapital und des Opportunitätskostensatzes mit dem Eigenkapital.

$$i = \frac{\sum_{k=1}^{m} i_{S_k} \cdot FK_k + i_0 \cdot EK}{\sum_{k=1}^{m} FK_k + EK}$$

In der Investitionsrechnung wird unter dem Begriff „Eigenkapital" (EK) die Höhe der für eine Investition zur Verfügung gestellten eigenen Finanzmittel verstanden. Die Op-

portunität bezeichnet die zur Investition alternative Mittelallokation. Die Opportunitätskosten sind die entgangenen
Gewinne, die aus der Nichtrealisation der Opportunität
resultieren.

Das Fremdkapital (FK) ist das zur Finanzierung einer Investition zusätzlich zum Eigenkapital aufgenommene Kapital.
Der durchschnittliche Fremdkapitalzins i_s wird über sämtliche Fremdfinanzierungsmaßnahmen gebildet, die für eine
Investition in Anspruch genommen werden. Er ergibt sich
in Abhängigkeit vom Fremdkapital FK_k, das durch den k-
ten Kredit aufgebracht wird.

$$i_s = \frac{\sum_{k=1}^{m} i_{S_k} \cdot FK_k}{\sum_{k=1}^{m} FK_k} \text{, mit } i_{S_k} : \text{Sollzinssatz des } k\text{-ten Kredits}$$

Der Verlauf der Funktion des Gegenwartswerts G_{t^*} hängt
vom Bezugszeitpunkt t^* und vom Kalkulationszinsfuß i ab.
Sämtliche Funktionen schneiden die Abszisse bei einem
kritischen Kalkulationszinsfuß i_{krit}.

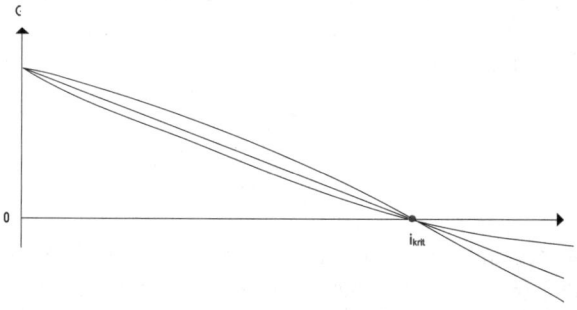

Gegenwartswert in Abhängigkeit vom Kalkulationszinsfuß

Der Gegenwartswert zum Zeitpunkt $t^* = 0$ ($t^* = n$) entspricht dem Kapitalwert (dem zusätzlichen Endwert).

> **!** Eine Investition ist vorteilhaft, wenn ihr Gegenwartswert positiv ist.

Berechnung des Gegenwartswerts

Gegeben sei die folgende Zahlungsfolge eines Investitionsobjekts:

t	0	1	2	3	4	5
Zahlung	−16.000	−5.500	3.500	18.000	6.000	2.500

Bei einem Kalkulationszinsfuß i von 10 % beträgt der Gegenwartswert in Bezug auf $t^* = 3$ beispielsweise ca. 1.420 €:

t	0	1	2	3	4	5	Σ
$d_t \cdot q^{t^*-t}$	−21.296	−6.655	3.850	18.000	5.455	2.066	1.420

Der Kapitalwert

Der Kapitalwert C entspricht der Summe sämtlicher auf den Investitionszeitpunkt $t = 0$ diskontierten Einzahlungsüberschüsse.

$$C = -a_0 + \sum_{t=1}^{n} d_t \cdot q^{-t} \text{ , mit } a_0\text{: Anschaffungsauszahlung}$$

Die Kapitalwertfunktion schneidet die Abszisse bei einem kritischen Kalkulationszinsfuß i_{krit}, der dem internen Zinsfuß entspricht.

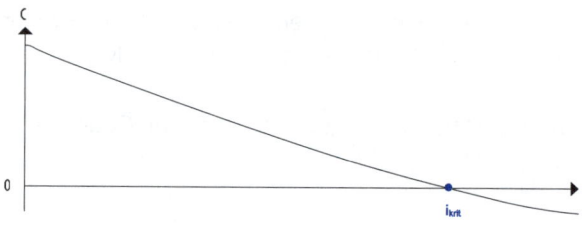

Kapitalwert in Abhängigkeit vom Kalkulationszinsfuß

> **Eine Investition ist vorteilhaft, wenn ihr Kapitalwert positiv ist.** ❗

Der interne Zinsfuß r quantifiziert die interne Verzinsung des für eine Investition eingesetzten Kapitals. Er ist derjenige Kalkulationszinsfuß i, bei dem der Kapitalwert C gleich null ist.

$$r = i, \text{ wenn gilt: } C(i) = 0$$

Nach der internen Zinsfußmethode ist eine Investition vorteilhaft, wenn der interne Zinsfuß r größer ist als der Kalkulationszinsfuß i. Dies gilt jedoch nur, wenn die Folge der Einzahlungsüberschüsse der Investition lediglich einen Vorzeichenwechsel aufweist und der Kapitalwert bei einem Kalkulationszinsfuß von null positiv ist.

Kapitalwertberechnung

Für die gegebene Zahlungsfolge und bei einem Kalkulationszinsfuß i von 10 % beträgt der Kapitalwert ca. 1.067 €:

t	0	1	2	3	4	5	Σ
$d_t \cdot q^{-t}$	−16.000	−5.000	2.893	13.524	4.098	1.552	1.067

Der interne Zinsfuß beträgt demgegenüber ca. 11,86 %.
Die Investition ist damit vorteilhaft.

Der Endwert

Der Endwert der Investition EW^I (der Opportunität EW^O) entspricht dem Vermögenswert der Investition (der Opportunität) am Ende der Nutzungsdauer. Es gilt:

$$EW^I = (-a_0 + EK) \cdot q^n + \sum_{t=1}^{n} d_t \cdot q^{n-t} \text{ und } EW^O = EK \cdot q^n$$

Der zusätzliche Endwert ΔEW verdichtet die Zahlungsfolge der Investition als Ergebnis eines Differenzkalküls. Er ergibt sich aus der Differenz des Endwerts der Investition EW^I und des Endwerts der Opportunität EW^O.

$$\Delta EW = EW^I - EW^O$$

Der zusätzliche Endwert entspricht dem „Mehrwert" der Investition gegenüber der Opportunität am Ende des Planungshorizonts.

$$\Delta EW = -a_0 \cdot q^n + \sum_{t=1}^{n} d_t \cdot q^{n-t}$$

Die grafische Darstellung der Endwerte der Investition EW^I und der Opportunität EW^O sowie des zusätzlichen Endwerts ΔEW zeigt, dass es einen kritischen Kalkulationszinsfuß i_{krit} gibt, der für die Vorteilhaftigkeit der Investition maßgeblich ist.

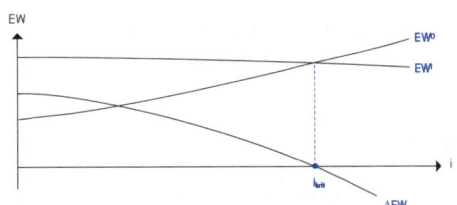

Die Endwerte EW ^{I}, EW ^{O} und ΔEW
in Abhängigkeit vom Kalkulationszinsfuß

Für i_{krit} gilt: EW ^{I} = EW ^{O}

> Eine Investition ist vorteilhaft, wenn der Endwert der
> Investition größer als der Endwert der Opportunität
> oder der zusätzliche Endwert positiv ist.   **!**

Endwertberechnung

Für die exemplarische Zahlungsfolge ergibt sich für n = 5
Perioden und bei einem Kalkulationszinsfuß i = 10 % ein
zusätzlicher Endwert ΔEW von 1.718 €:

t	0	1	2	3	4	5	Σ
$d_t \cdot q^{n-t}$	−25.768	−8.053	4.659	21.780	6.600	2.500	1.718

Der Endwert der Investition EW ^{I} (der Opportunität EW ^{O})
bei einem Eigenkapital von 8.000 € beträgt 14.602 €
(12.884 €).

Der Anfangswert

Der Anfangswert der Investition AW^I (der Opportunität AW^O) entspricht dem Wert der Investition (der Opportunität) zum Zeitpunkt $t = 0$.

$$AW^I = (-a_0 + EK) \cdot q^n + \sum_{t=1}^{n} d_t \cdot q^{n-t}$$

AW^O entspricht dem Eigenkapital EK:

$$AW^O = EW^O \cdot q^n = EK \cdot q^n \cdot q^{-n} = EK$$

> **!** Eine Investition ist vorteilhaft, wenn ihr Anfangswert größer als der Anfangswert der Opportunität ist.

Der zusätzliche Anfangswert ΔAW ist analog zum zusätzlichen Endwert definiert. Er ergibt sich aus der Differenz der Anfangswerte der Investition AW^I und der Opportunität AW^O:

$$\Delta AW = AW^I - AW^O$$

Der zusätzliche Anfangswert ist der Gegenwartswert in Bezug auf $t^* = 0$ und entspricht bei einheitlichem Kalkulationszinsfuß i dem Kapitalwert C.

$$\Delta AW = -a_0 + \sum_{t=1}^{n} d_t \cdot q^{-t} = C$$

> **!** Bei einem positiven zusätzlichen Anfangswert ist die Investition vorteilhaft.

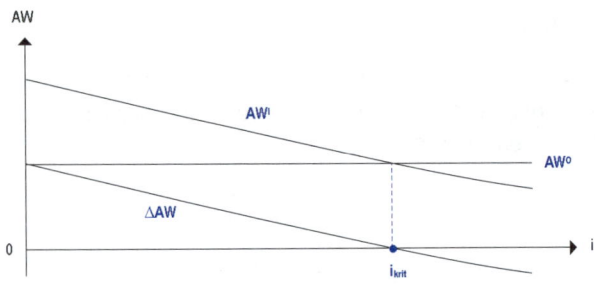

Die Anfangswerte AW ^{I}, AW ^{O} und ΔAW
in Abhängigkeit vom Kalkulationszinsfuß

Die Anfangswerte der Investition AW^I und der Opportunität AW^O sowie der zusätzliche Anfangswert ΔAW schneiden die Abszisse bei einem kritischen Kalkulationszinsfuß i_{krit}.

$$\text{Für } i_{krit} \text{ gilt: } AW^I = AW^O$$

Annuität

Die Annuität einer Investition ist eine Folge gleicher Einzahlungsüberschüsse, deren Anzahl im Allgemeinen gleich der Nutzungsdauer n der Investition (in Jahren) ist. Der auf $t = 0$ diskontierte Wert a der Annuität entspricht dem Kapitalwert C *der Investition*.

Die Annuität berechnet sich auf Grundlage des Annuitätenfaktors $ANF_{n,i}$, der den Kapitalwert finanzmathematisch exakt auf die Nutzungsdauer der Investition verteilt.

$$a = C \cdot ANF_{n,i}$$

Der Annuitätenfaktor $ANF_{n,i}$ für eine Laufzeit n und einen Zinssatz i quantifiziert den Zinseffekt für den Fall, dass anstelle einer einmaligen Entnahme in $t = 0$ in Höhe des Kapitalwerts eine jährlich konstante Entnahme von $t = 1$ bis n in Höhe der Annuität erfolgt.

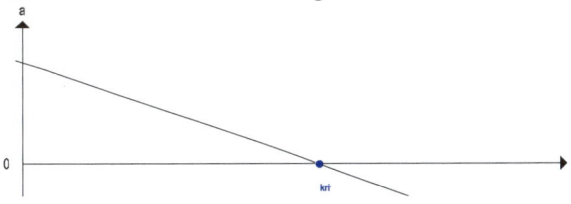

Annuität in Abhängigkeit vom Kalkulationszinsfuß

Die Annuität a sinkt mit zunehmendem Kalkulationszinsfuß i. Sie schneidet die Abszisse bei einem kritischen Kalkulationszinsfuß i_{krit}.

> Ist der kritische Kalkulationszinsfuß größer als der Kalkulationszinsfuß der Investition, ist die Annuität positiv und die Investition vorteilhaft.

Vollständiger Finanzplan (VOFI)

Der vollständige Finanzplan (VOFI) ist eine finanzplanorientierte Methode der Investitionsrechnung, bei der sämtliche einer Investition zurechenbaren Ein- und Auszahlungen periodenindividuell und explizit dargestellt werden.

Vollständiger Finanzplan

Für die gegebene Zahlungsfolge und bei identischem Soll- und Habenzinsfuß von 10 % ergibt sich der folgende VOFI:

VOFI der Investition						
Zeitpunkt	0	1	2	3	4	5
Zahlungsfolge	−16.000,00	−5.500,00	3.500,00	18.000,00	6.000,00	2.500,00
Eigene Mittel + Einsatz − Entnahme + Einlage	8.000,00					
Kredit mit Endtilgung + Aufnahme (abz. Disagio) − Tilgung − Sollzinsen	5.000,00	500,00	5.000,00 500,00			
Kontokorrentkredit + Aufnahme − Tilgung − Sollzinsen	3.000,00	6.300,00 300,00	2.930,00 930,00	12.230,00 1.223,00		
Reinvestition − Anlage + Rückfluss + Ertrag				4.547,00	6.454,70 454,70	3.600,17 1.100,17
Finanzierungssaldo	0	0	0	0	0	0
Bestandsgrößen Finanzbestand Kreditbestände ● Kredit mit Endtilgung ● Kontokorrentkredit	5.000,00 3.000,00	5.000,00 9.300,00	12.230,00	4.547,00	11.001,70	14.601,87
Bestandssaldo	−8.000,00	−14.300,00	−12.230,00	4.547,00	11.001,70	14.601,87

VOFI der Opportunität						
Zeitpunkt	0	1	2	3	4	5
Eigene Mittel	8.000,00					
Geldanlage − Anlage + Rückfluss + Habenzinsen	8.000,00	800,00 800,00	880,00 880,00	968,00 968,00	1.064,80 1.064,80	1.171,28 1.171,28
Finanzierungssaldo	0	0	0	0	0	0
Bestandsgrößen Finanzbestand	8.000,00	8.800,00	9.680,00	10.648,00	11.712,80	12.884,08

Zusätzlicher Endwert	1.719,79

Vollständiger Finanzplan (VOFI)

Finanzierung

Die Finanzierung umfasst sämtliche Formen der Kapitaldisposition einer Organisation. Ihr kommt insbesondere die Beschaffung und die Rückzahlung finanzieller Mittel zur Durchführung von Investitionen zu. In diesem Kapitel werden der Kapitalbedarf, die Finanzierungsmöglichkeiten und -märkte sowie die Kapitalerhöhung und die Aktienbewertung behandelt.

Kapitalbedarf und Finanzierung

Der zentrale Begriff in der Finanzierung ist das Kapital. Der Kapitalbedarf eines Unternehmens kann durch unterschiedliche Finanzierungsformen auf mehreren Finanzmärkten gedeckt werden.

Unter dem Kapital eines Unternehmens wird allgemein die Wertsumme der Bilanz verstanden, d. h. die Summe der Aktiva bzw. der Passiva. Im Rahmen der Kapitaldisposition werden unterschieden:

▸ Kapitalzuführung: Beschaffung externen Kapitals

▸ Kapitalfreisetzung: Erwirtschaftung von Kapital durch Erfüllung des Unternehmenszwecks

▸ Kapitalbindung: Verwendung von Kapital für Unternehmenszwecke (Investitionen im weiteren Sinn)

▸ Kapitalentzug: Rückgang von Kapital im Unternehmen (z. B. Rückzahlung einer vergangenen Kapitalzuführung)

Unter dem (Brutto-)Kapitalbedarf werden die bis zu einem bestimmten Zeitpunkt zu leistenden Auszahlungen verstanden. Es gibt eine Vielzahl von Bestimmungsfaktoren für den Kapitalbedarf. Neben Mengen und Preisen ist die Zeit der Kapitalbindung zentral. Für die Berechnung des Kapitalbedarfs gilt:

$$Kapitalbedarf = Kapitalbindungshöhe \cdot Kapitalbindungszeit$$

Die Kapitalbindungszeit kann auf Basis der Kapitalumschlagshäufigkeit berechnet werden. Es gilt:

$$Kapitalbindungszeit\,[Tage] = \frac{360\,Tage}{Kapitalumschlagshäufigkeit\ p.\,a.}$$

Damit ergibt sich der Kapitalbedarf als Quotient aus Kapitalumschlagshöhe (z. B. Umsatz) und -umschlagshäufigkeit:

$$Kapitalbedarf = \frac{Kapitalumschlagshöhe\ p.\,a.}{Kapitalumschlagshäufigkeit\ p.\,a.}$$

Kapitalbedarf

Ein Unternehmen verwendet den jährlichen Umsatz (200 Mio. €) zur Kapitalbedarfsermittlung für das kommende Jahr. Gegeben sei eine Kapitalbindungszeit von 72 Tagen. Damit wird das Kapital fünfmal pro Jahr umgeschlagen. Der Kapitalbedarf für das kommende Jahr beträgt folglich 40 Mio. €.

Finanzierungsformen

Die verschiedenen Finanzierungsformen beziehen sich auf die Mittelzuflüsse durch Kapitalzuführung (Außenfinanzierung) oder Kapitalfreisetzung (Innenfinanzierung). Die Außenfinanzierung ist nach der rechtlichen Stellung der Kapitalgeber in die Kreditfinanzierung (Fremdfinanzierung) und die Beteiligungsfinanzierung (Eigenfinanzierung) unterteilt. Die Innenfinanzierung kann durch Kapitalfreisetzung (Eigen- oder Fremdfinanzierung) erfolgen; darüber hinaus haben langfristige Rückstellungen (Fremdfinanzierung) und Gewinnrücklagen (Eigenfinanzierung) einen Finanzierungseffekt.

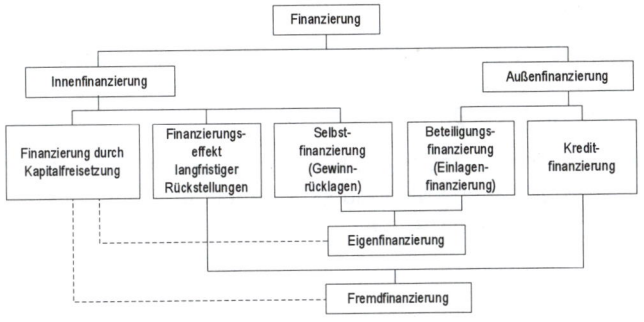

Überblick über die Finanzierungsformen

Kreditarten

Bei der Fremdfinanzierung sind verschiedene Kredittypen und -arten zu unterscheiden.

Kredittypen sind Geld- und Kreditleihen. Eine Geldleihe erhöht unmittelbar die Liquidität des Kreditnehmers. Eine Kreditleihe ist keine unmittelbare Auszahlung liquider Mittel, sondern die Übertragung der Kreditwürdigkeit des Kreditgebers auf den -nehmer.

Kreditarten sind Kontokorrent-, Diskont-, Lombard- und Lieferantenkredite sowie Darlehen.

▸ Der Kontokorrentkredit ist ein flexibler, kurzfristiger Bankkredit mit relativ hohem Zins.

▸ Der Diskontkredit ist eine Auszahlung des Barwerts eines Wechsels (abzüglich der Zinsen für die Restlaufzeit des Wechsels).

▸ Der Lombardkredit wird durch ein Pfandrecht an Sachen oder Rechten gesichert.

▸ Der Lieferantenkredit wird vom Lieferanten eingeräumt, d. h. die Zahlung einer Lieferung wird hinausgeschoben (meist 30 bis 90 Tage).

▸ Langfristige Kredite werden als „Darlehen" bezeichnet. Bei der Darlehenstilgung sind Annuitäten- und Ratentilgung zu unterscheiden.

Finanzmärkte

Finanzmärkte unterteilen sich generell in Geld- und Kapitalmärkte. Der Geldmarkt umfasst die kurzfristige Finanzierung unter professionellen Marktteilnehmern wie Zentralbanken und Großkonzernen. Der Kapitalmarkt ist der Markt für längerfristig gebundenes Kapitel (i. d. R. über zwölf Monate). Zu unterscheiden sind börsliche Kapitalmärkte (z. B. Termin- und Kassamarkt), an denen nicht nur Aktien, sondern auch andere Wertpapiere (beispielsweise Obligationsscheine und Optionsscheine) gehandelt werden, sowie außerbörsliche Kapitalmärkte (Telefonverkehr).

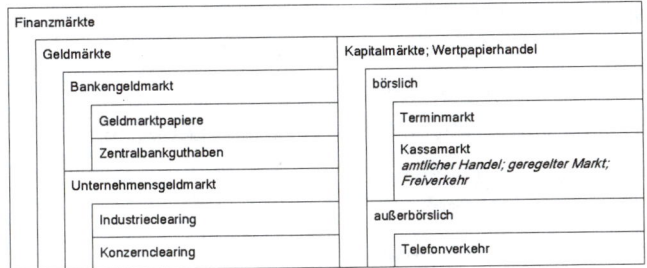

Finanzmärkte			
Geldmärkte		Kapitalmärkte; Wertpapierhandel	
Bankengeldmarkt		börslich	
	Geldmarktpapiere		Terminmarkt
	Zentralbankguthaben		Kassamarkt *amtlicher Handel; geregelter Markt; Freiverkehr*
Unternehmensgeldmarkt		außerbörslich	
	Industrieclearing		Telefonverkehr
	Konzernclearing		

Überblick über die Finanzmärkte

Kapitalerhöhung

Eine Kapitalerhöhung ist die Erhöhung des (Nominal-)Kapitals einer Gesellschaft. Unterschieden werden

▸ die Kapitalerhöhung gegen Einlagen (ordentliche Kapitalerhöhung),

▸ das genehmigte Kapital,

▸ die bedingte Kapitalerhöhung und

▸ die Kapitalerhöhung aus Gesellschaftsmitteln.

In diesem Abschnitt wird die ordentliche Kapitalerhöhung genauer vorgestellt. Sie erfolgt durch die Ausgabe neuer („junger") Aktien.

Ordentliche Kapitalerhöhung durch Aktien

Eine Aktie ist ein Wertpapier, das die Teilhaberschaft an einer Gesellschaft verbrieft. Mit dem Kauf einer Aktie werden Rechte erworben. Dazu zählen ein Teilnahmerecht an der Hauptversammlung, ein Gewinnanspruch, ein Anspruch auf einen Anteil am Liquidationserlös sowie ein Informationsanspruch durch den Vorstand.

Zu unterscheiden sind Aktien nach

▸ dem Stimmrecht (in Stamm- und Vorzugsaktien),

▸ der Übertragbarkeit (in Inhaber-, Namens- und vinkulierte Namensaktien),

▸ dem Unternehmensanteil (in Nennwert- und Stückaktien) sowie

▸ dem Emissionszeitpunkt (in alte und junge Aktien).

Eine Stammaktie ist eine Aktie, die dem Inhaber die für den Normalfall vorgesehenen Rechte gewährt. Eine Vorzugsaktie ist eine Aktie, die dem Inhaber im Gegensatz zur Stammaktie Sonderrechte einräumt.

Bei Inhaberaktien erfolgt die Übertragung der Aktienrechte durch die formlose Einigung und Übergabe. Der Inhaber einer Namensaktie ist gegenüber dem der Inhaberaktie im Aktienregister der Gesellschaft eingetragen. Er allein gilt für die Gesellschaft als Aktionär. Die vinkulierte (gebundene) Namensaktie ist eine Sonderform der Namensaktie. Die Übertragung der Aktie erfordert hier die Zustimmung der Gesellschaft. Ziel ist der Ausschluss unerwünschter Aktionäre vom Kauf.

Eine Nennwertaktie hat gegenüber der Stückaktie nach § 8 AktG einen in der Satzung festgelegten, ganzzahligen Nennwert von mindestens einem Euro. Die Stückaktie hat keinen festgelegten Nennwert, wie dies bei der Nennwertaktie der Fall ist. Sie hat hingegen einen rechnerischen Nennwert, der dem Anteil der Aktie am Grundkapital entspricht.

Eine junge Aktie wird im Rahmen einer ordentlichen Kapitalerhöhung ausgegeben. Bis zur vollständigen Dividendenberechtigung wird sie von den alten Aktien getrennt notiert. Die Dividende ist der Gewinnanteil, den eine Gesellschaft an die Aktionäre ausschüttet. Die Dividendenrendite drückt den Anteil der Rendite am Börsenkurs aus.

$$Dividendenrendite = \frac{Dividende\ pro\ Aktie}{B\ddot{o}rsenkurs}$$

Bei der ordentlichen Kapitalerhöhung müssen die Interessen der Alt- und der Neu-Aktionäre ausgeglichen werden. Um einen Kursrückgang der alten Aktien zu verhindern, ist der Emissionskurs der jungen Aktien niedriger als der Börsenkurs der alten Aktien. Der durch den relativ niedrigen Emissionskurs der jungen Aktien bevorteilige Neu-Aktionär zahlt eine Ausgleichszahlung in Höhe des Bezugsrechtswerts an den Alt-Aktionär.

Der rechnerische Wert des Bezugsrechts wird über den Durchschnittskurs K_D bestimmt. Er ergibt sich in Abhängigkeit vom Aktienkurs der jungen Aktien (alten Aktien) K_N (K_A) und der Anzahl der jungen Aktien (alten Aktien) x_N (x_A):

$$K_D = \frac{x_A \cdot K_A + x_N \cdot K_N}{x_A + x_N}$$

Der rechnerische Wert des Bezugsrechts entspricht der Differenz von altem Aktienkurs und Durchschnittskurs.

Berechnung des Werts des Bezugsrechts

Das Grundkapital eines Unternehmens beträgt 20 Mio. €. Bei einem gegebenen nominellen Aktienwert von 2 € ergibt sich dann eine Aktienanzahl x_A von 10 Mio. Stück. Der Kurs K_A notiere bei 100 €.

Das Unternehmen plant eine Kapitalerhöhung in Höhe von 140 Mio. €. Bei einem Emissionskurs K_N von 70 € sind 2 Mio. junge Aktien (x_N) auszugeben. Es ergibt sich der folgende Durchschnittskurs K_D:

$$K_D = \frac{10\,\text{Mio.} \cdot 100\,\text{€} + 2\,\text{Mio.} \cdot 70\,\text{€}}{10\,\text{Mio.} + 2\,\text{Mio.}} = 95\,\text{€}$$

Folglich beträgt der rechnerische Kurswert des Bezugsrechts 5 €: $K_A - K_D = 100\,\text{€} - 95\,\text{€} = 5\,\text{€}$.

Die Bewertung von Aktien

Zur Beurteilung der Angemessenheit des Börsenkurses einer Aktie werden verschiedene Kennzahlen verwendet. In diesem Abschnitt werden der (korrigierte) Bilanz- und Ertragskurs sowie das Kurs-Gewinn- und das Kurs-Cashflow-Verhältnis behandelt. Im Gegensatz zu technischen Analysen von Börsenkursen stellen diese Kennzahlen auf die wirtschaftlichen Verhältnisse eines Unternehmens ab (Grundlage sind die Bilanzwerte einer Aktiengesellschaft).

Der Bilanzkurs ermittelt den „inneren Wert" einer Aktie auf Grundlage der Eigenkapitalsubstanz einer Aktiengesellschaft. Unterschieden werden der relative und der absolute Bilanzkurs.

Der Börsenkurs einer Aktie gilt als angemessen, wenn sich absoluter Bilanzkurs und Börsenkurs entsprechen.

Der relative Bilanzkurs ergibt sich als Verhältnis von bilanziertem Eigenkapital zu Grundkapital.

$$Bilanzkurs_{rel} = \frac{bilanziertes\ Eigenkapital}{Grundkapital} \cdot 100\ \%$$

Der absolute Bilanzkurs entspricht dem Produkt aus relativem Bilanzkurs und Nominalwert der Aktie.

$$Bilanzkurs_{abs} = Bilanzkurs_{rel} \cdot Nominalwert$$

Der korrigierte Bilanzkurs einer Aktie berücksichtigt im Vergleich zum einfachen Aktienbilanzkurs die stillen Reserven eines Unternehmens. Der relative korrigierte Bilanzkurs ist wie folgt definiert:

$$Bilanzkurs_{rel}^{korr} = \frac{bilanziertes\ Eigenkapital + stille\ Reserven}{Grundkapital} \cdot 100\ \%$$

Der absolute korrigierte Bilanzkurs entspricht analog dem Produkt aus relativem korrigierten Bilanzkurs und Nominalwert der Aktie.

$$Bilanzkurs_{abs}^{korr} = Bilanzkurs_{rel}^{korr} \cdot Nominalwert$$

Der Ertragskurs bestimmt den „inneren Wert" einer Aktie auf Basis der Ertragserwartung und kann analog zum Bilanzkurs relativ oder absolut angegeben werden. Der relative Ertragskurs ergibt sich aus dem Verhältnis von Unternehmensertragswert und Grundkapital:

$$Ertragskurs_{rel} = \frac{Ertragswert}{Grundkapital} \cdot 100\ \%$$

Der Ertragswert berechnet sich als Quotient aus durchschnittlichem erwarteten Gewinn und Kalkulationszinsfuß:

$$Ertragswert = \frac{erwarteter\ Durchschnittsgewinn}{Kalkulationszinsfuß} \cdot 100\ \%$$

Der absolute Ertragskurs berechnet sich wie folgt:

$$Ertragskurs_{abs} = Ertragskurs_{rel} \cdot Nominalwert$$

Das Kurs-Gewinn-Verhältnis *KGV* ist eine häufig verwendete Kenngröße zur Beurteilung von Aktien. Es gibt das Verhältnis des Kurses einer Aktie zum (geschätzten) Gesamtgewinn pro Aktie an. Das *KGV* ist umso höher, je höher die Ertragskraft eines Unternehmens ist. Es findet beim Vergleich von Aktien und Unternehmen innerhalb einer Branche Verwendung.

$$KGV = \frac{Börsenkurs}{Gewinn\ pro\ Aktie}$$

Der Kehrwert des KGV gibt die Eigenkapitalrendite EKR an.

$$EKR = \frac{Gewinn\ pro\ Aktie}{Börsenkurs}$$

Das Kurs-Cashflow-Verhältnis *CFR* (Cashflow Ratio) wird bei internationalen Vergleichen häufig anstelle des *KGV* verwendet. Es entspricht dem Quotienten von Börsenkurs und Cashflow pro Aktie.

$$CFR = \frac{Börsenkurs}{Cashflow\ pro\ Aktie}$$

Strategisches Management

„Strategisches Management" umfasst sämtliche Planungs-, Steuerungs- und Kontrollvorgänge, die zur Koordination der verschiedenen betrieblichen Teilbereiche auf ein übergeordnetes strategisches Ziel hin notwendig sind:

▸ Analyse der internen Unternehmenssituation und der externen Unternehmensumwelt

▸ Entwicklung einer geeigneten Unternehmensstrategie sowie Kontrolle der Zielerreichung

In diesem Abschnitt werden verschiedene Instrumente der Strategieentwicklung und -umsetzung behandelt. Mit der Portfolio-Analyse wird ein wichtiges Instrument des strategischen Managements eingehender vorgestellt.

Strategieentwicklung und -umsetzung

Eine Strategie muss die Frage beantworten, welche Position ein Unternehmen zukünftig am Markt einzunehmen hat, um einen Wettbewerbsvorteil zu erzielen (Outside-in) oder welche Ressourcen ein Unternehmen aufbauen und nutzen muss, um einen Konkurrenzvorteil zu erlangen (Inside-out). Strategien sind konkurrenzbezogen und auf das gesamte Unternehmen gerichtet. Sie sind langfristig bindend, schwer reversibel und erfolgsbezogen.

Five Forces

Nach Porter muss die Strategie eines Unternehmens fünf wesentliche Kräfte berücksichtigen. Diese „Five Forces" sind

1. potenzielle Wettbewerber,

2. vorhandene Konkurrenten und Wettbewerbsintensität,

3. Substitute (d. h. Ersatzprodukte, die die Produkte des Unternehmens am Markt verdrängen können),

4. Kunden sowie

5. Lieferanten und die Macht, die sie durch ihre Verhandlungsstärke auf das Unternehmen ausüben können.

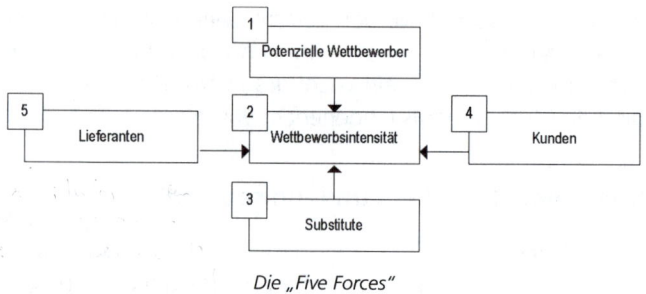

Die „Five Forces"

Branchenanalyse

Die Branchenanalyse hat die Informationsgewinnung bzgl. der Marktzusammensetzung zum Gegenstand, um eine geeignete Wettbewerbsstrategie ableiten zu können. Ziel ist eine Verbesserung der Wettbewerbsposition in Bezug auf die Konkurrenten.

Benchmarking

Benchmarking ist ein Prozess des kontinuierlichen Vergleichens mit Unternehmen derselben oder einer anderen Branche, i. d. R. in Bezug auf Produkte oder Prozesse. Durch den Vergleich mit dem Marktführer sollen Ansätze zur Verbesserung gefunden werden.

SWOT-Analyse

Die SWOT-Analyse untersucht die unternehmensinternen Stärken (strengths) und Schwächen (weaknesses) und die sich daraus ergebenden Chancen (opportunities) und Risiken (threads) zur Bearbeitung des Unternehmensumfelds.

Trifft eine Stärke des Unternehmens auf eine Chance (eine Schwäche auf ein Risiko), ergibt sich eine positive (negative) Entwicklungsmöglichkeit für das Unternehmen.

Szenariotechnik

Die Szenariotechnik dient der Analyse möglicher zukünftiger Zustände.

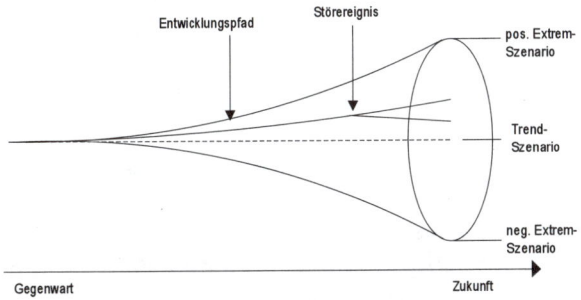

Strategieentwicklung mithilfe der Szenariotechnik

Sie lenkt den Blick auf positive und negative Extremszenarien (als best und worst cases) oder Trendszenarien, die die zukünftige Entwicklung bei stabilem Entwicklungspfad antizipieren.

Frühwarnsysteme

Frühwarnsysteme erfassen, systematisieren und evaluieren die Risiken und die Chancen eines Unternehmens und dessen Umwelt. Generell werden Frühwarnsysteme der ersten (Kennzahlensysteme), der zweiten (Indikatorensysteme) und der dritten Generation (Verfahren zur Analyse „schwacher Signale") unterschieden.

Gap-Analyse

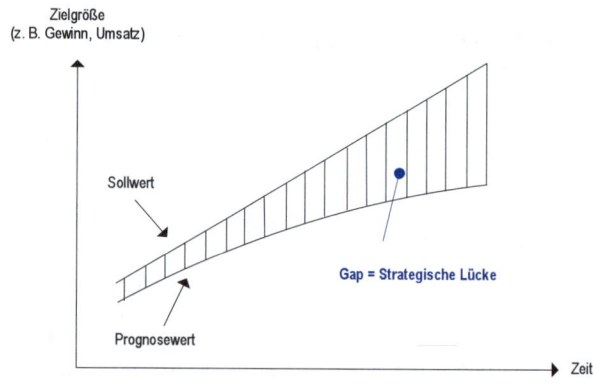

Gap-Analyse

Die Gap-Analyse dient der Identifikation sog. „strategischer Lücken" (gaps) zwischen dem angestrebten Wert einer Zielgröße und dem Prognosewert. Ausgehend von den strategischen Lücken sind neue Strategien zu entwickeln bzw. bereits formulierte Strategien zu modifizieren.

Balanced Scorecard (BSC)

Die Balanced Scorecard (BSC) ist ein strategisches Managementinstrument, das helfen soll, die betriebliche Leistungsfähigkeit im Hinblick auf die Vision und die Strategie eines Unternehmens zu evaluieren. Für verschiedene unternehmerische Perspektiven (im Grundmodell: Finanzwirtschaft, Kunden, interne Prozesse sowie Lernen und Entwickeln) werden strategische Ziele sowie die zur Zielerreichung bzw. -messung erforderlichen Maßnahmen bzw. Kennzahlen formuliert.

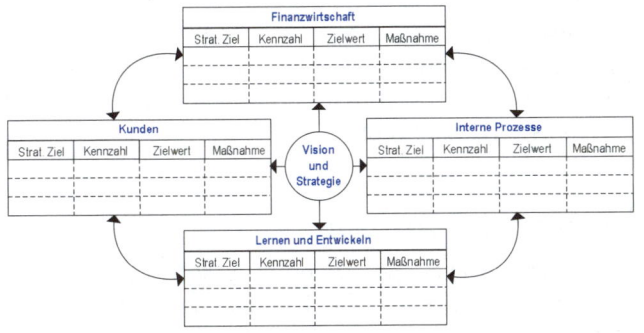

Grundmodell der Balanced Scorecard (BSC)

Portfolio-Analyse

Die Portfolio-Analyse dient der Entwicklung von Strategien in Organisationen. Sie berücksichtigt, dass eine Organisation zum einen über eine ausgewogene Mischung von Produkten unterschiedlicher Reifegrade verfügen muss und zum anderen Erfahrungseffekte realisieren sollte, um hohe Marktanteile und damit einen Wettbewerbsvorteil gegenüber Konkurrenten zu erzielen. Hierzu stellt ein Portfolio die strategischen Geschäftseinheiten eines Unternehmens in einem zweidimensionalen Raum dar, dessen Achsen sich auf einen internen sowie einen oder mehrere externe Faktor(en) beziehen.

Eine strategische Geschäftseinheit ist eine klare abgrenzbare, autonome Subeinheit des Unternehmens mit eigenen Chancen und Risiken, die einen bestimmten Wettbewerbsbezug aufweist und durch die eigenständige Strategien realisiert werden.

Einer der bekanntesten Portfolio-Ansätze ist das Marktwachstums-Marktanteils-Portfolio, das von der Boston Consulting Group (BCG) entwickelt wurde. Es basiert auf dem Lebenszykluskonzept.

Das Lebenszykluskonzept

Das (Produkt-)Lebenszykluskonzept beschreibt eine typische Absatzentwicklung für Produkte im Zeitablauf. Es werden folgende Phasen unterschieden:

▸ Einführung: Die Einführungsphase beginnt mit dem Markteintritt des Produkts und ist durch ein relativ geringes Umsatzwachstum charakterisiert.

▸ Wachstum: In der Wachstumsphase steigen die Umsatzzahlen relativ rasch an.

▸ Reife: Während die Kosten für Investitionen und Marktbearbeitung in der Einführungs- und der Wachstumsphase in der Regel noch höher ausfallen als die erzielten Umsatzerlöse (negativer Cashflow), übersteigen die Umsatzerlöse in der Reifephase erstmalig die eingesetzten Finanzmittel.

▸ Sättigung: In der Sättigungsphase sinken die Absatzzahlen und damit die Umsatzerlöse.

▶ Verfall: Die Entwicklung schließt mit der Degeneration des Produkts, sofern kein Relaunch gestartet wird.

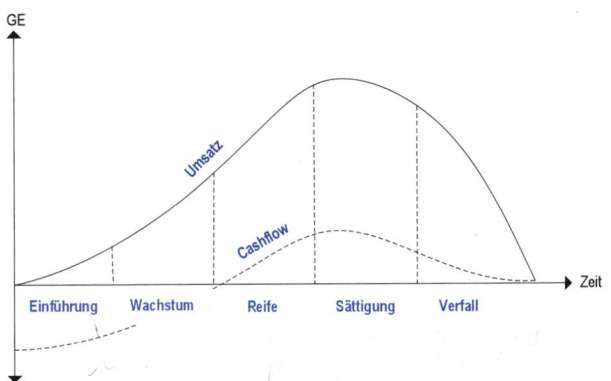

Lebenszyklus eines Produkts

Als „Relaunch" werden Produktvariationen bezeichnet, die üblicherweise in der Sättigungs- oder Verfallphase initiiert werden. Dies kann durch die Anpassung eines Produkts an geänderte Marktanforderungen oder die Intensivierung des Produktmarketings erfolgen, um die Absatzzahlen zu stabilisieren.

Das BCG-Portfolio

Die Marktwachstumsrate als vom Unternehmen kaum beeinflussbarer, externer Faktor und der relative Marktanteil als beeinflussbarer Faktor werden für die verschiedenen strategischen Geschäftseinheiten im Portfolio einander gegenübergestellt.

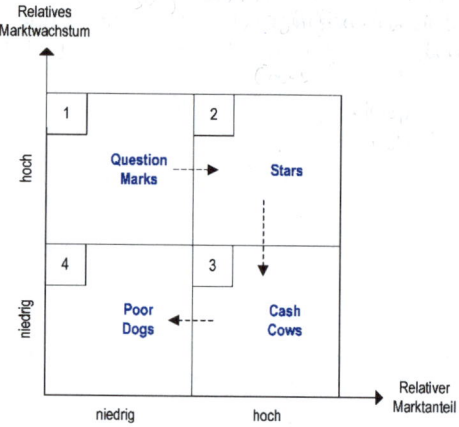

Marktwachstums-Marktanteils-Portfolio

Das BCG-Portfolio sieht vier verschiedene Felder vor, in denen die strategischen Geschäftseinheiten nach dem Lebenszykluskonzept (symbolisiert durch die gestrichelten Pfeile) anzuordnen sind:

▸ Die „Question Marks" entsprechen Nachwuchsprodukten in der Einführungsphase, die umfangreiche finanzielle Investitionen benötigen, um wachsen zu können (Feld 1).

▸ Feld 2 beinhaltet die „Stars", die sich sowohl durch ein hohes allgemeines Marktwachstum als auch durch einen hohen relativen Marktanteil auszeichnen. Sie benötigen weitere finanzielle Mittel, um dem Marktwachstum folgen zu können, zeichnen sich gleichzeitig jedoch durch überdurchschnittliche Renditen aus.

▶ Die „Cash Cows" erwirtschaften umfangreiche finanzielle Mittelüberschüsse, da sie bei geringem Marktwachstum einen hohen relativen Marktanteil besitzen (Feld 3).

▶ Die „Poor Dogs" entsprechen schließlich Produkten, die sich nach dem Lebenszykluskonzept am Ende der Sättigungs- bzw. am Beginn der Verfallsphase befinden (Feld 4).

Zur Ableitung von (Norm-)Strategien für strategische Geschäftseinheiten können verschiedene Stoßrichtungen für die Felder des BCG-Portfolios unterschieden werden.

Wachstumsstrategien dienen insbesondere der Verbesserung der Produktreife, um beispielsweise eine technische Führerschaft am Markt zu erzielen. Haltestrategien haben die Weiterentwicklung bestimmter Produkteigenschaften, die Rationalisierung der Produktion oder die Senkung der Produktionskosten zum Gegenstand, um Spitzenpositionen am Markt weiter auszubauen. Schrumpfungs- und Ausstiegsstrategien sollen schließlich die Rücknahme eines Produkts vom Markt zu möglichst geringen Kosten gewährleisten. Neben diesen vorgesehenen Strategien, die sich am Lebenszykluskonzept orientieren, kann es zu verschiedenen unerwünschten Entwicklungen kommen, wie beispielsweise dem direkten Übergang vom „Star" zum „Poor Dog".

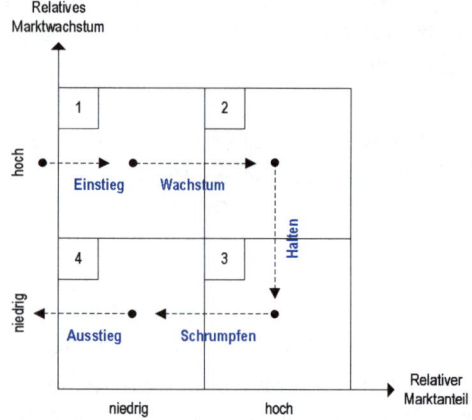

Ableitung von Strategien aus dem Marktwachstums-Marktanteils-Portfolio

Generell sollten Organisationen es anstreben, keine Markt-
lücken entstehen zu lassen, d. h. in den ersten drei Feldern
jederzeit geeignete strategische Geschäftseinheiten zu
besitzen. Dazu ist eine ausgewogene Mischung der Produkte wichtig. Auch Interdependenzen zwischen den strategischen Geschäftseinheiten sind zu berücksichtigen
(„Cash Cows" finanzieren beispielsweise „Question
Marks").

Stichwortverzeichnis

Literatur

Adam, D. (1996): Planung und Entscheidung. Modelle – Ziele – Methoden. Mit Fallstudien und Lösungen, 4. Aufl., Gabler, Wiesbaden.

Adam, D. (1998): Produktionsmanagement, 9. Aufl., Gabler, Wiesbaden.

Bechtel, W.; Brink, A. (2004): Einführung in die moderne Finanzbuchführung, 8. Aufl., Oldenbourg, Wien.

Corsten, H. (Hrsg.) (1995): Lexikon der Betriebswirtschaftslehre, 3. überarb. und erw. Aufl., Oldenbourg, München/Wien.

Grob, H. L. (2006): Einführung in die Investitionsrechnung, 5. Aufl., Vahlen, München.

Grob, H. L.; Bensberg, F. (2005): Kosten- und Leistungsrechnung. Theorie und SAP-Praxis (Taschenbuch), Vahlen, München.

Hettich, G.; Jüttler, H.; Luderer, B. (2006): Mathematik für Wirtschaftswissenschaftler und Finanzmathematik, 9. Aufl., Oldenbourg, Wien.

Meffert, H. (2000): Marketing, 9. Aufl., Gabler, Wiesbaden.

Perridon, L.; Steiner, M. (2004): Finanzwirtschaft der Unternehmung, 13. Aufl., Vahlen, München.

Schierenbeck, H. (2003): Grundzüge der Betriebswirtschaftslehre, 16. Aufl., Oldenbourg, Wien.

Wöhe, G.; Döring, U. (2000): Einführung in die allgemeine Betriebswirtschaftslehre, 20. Aufl., Vahlen, München.

Der Autor

Prof. Dr. Jan vom Brocke ist Inhaber des Martin Hilti Lehrstuhls für Business Process Management an der Universität Liechtenstein. Er studierte, promovierte und habilitierte an der wirtschaftswissenschaftlichen Fakultät der Universität Münster und lehrte u. a. an der Universität des Saarlandes in Deutschland, der Universität St. Gallen in der Schweiz, der University of Warwick in England, der LUISS University in Italien und der Queensland University of Technology in Australien. Prof. vom Brocke ist Autor und Herausgeber von 13 Büchern und hat über 150 wissenschaftliche Aufsätze in international renommierten Formaten publiziert. Er ist Berater für Unternehmen und Experte in mehreren Forschungs- und Bildungskommissionen der Europäischen Union.

Impressum:

Verlag C. H. Beck im Internet: www.beck.de
ISBN: 978-3-406-60283-2
2. Auflage
© 2010 Verlag C. H. Beck oHG
Wilhelmstraße 9, 80801 München

Lektorat und DTP: Text+Design Jutta Cram, 86157 Augsburg, www.textplusdesign.de
Umschlaggestaltung: Bureau Parapluie, 85253 Großberghofen
Umschlagbild: © Victor Burnside/fotolia.de
Druck und Bindung: Druckhaus „Thomas Müntzer" GmbH, 99947 Langensalza

Gedruckt auf säurefreiem, alterungsbeständigem Papier (hergestellt aus chlorfrei gebleichtem Zellstoff)